Kostenoptimale Verfahren
in der statistischen Prozeßkontrolle

Wirtschaftswissenschaftliche Beiträge

Band 1
Christof Aignesberger
Die Innovationsbörse als Instrument zur Risikokapitalversorgung innovativer mittelständischer Unternehmen
1987. 326 Seiten. Brosch. DM 69,-
ISBN 3-7908-0384-7

Band 2
Ulrike Neuerburg
Werbung im Privatfernsehen
– Selektionsmöglichkeiten des privaten Fernsehens im Rahmen der betrieblichen Kommunikationsstrategie –
1988. 302 Seiten. Brosch. DM 69,-
ISBN 3-7908-0391-X

Band 3
Joachim Peters
Entwicklungsländerorientierte Internationalisierung von Industrieunternehmen
– Eine theoretische und empirische Analyse des Entscheidungsverhaltens am Beispiel der deutschen elektronischen Industrie –
1988. 165 Seiten. Brosch. DM 49,-
ISBN 3-7908-0397-9

Band 4
Günther Chaloupek
Joachim Lamel und Josef Richter (Hrsg.)
Bevölkerungsrückgang und Wirtschaft
– Szenarien bis 2051 für Österreich –
1988. 478 Seiten. Brosch. DM 98,-
ISBN 3-7908-0400-2

Band 5
Paul J. J. Welfens und
Leszek Balcerowicz (Hrsg.)
Innovationsdynamik im Systemvergleich
– Theorie und Praxis unternehmerischer, gesamtwirtschaftlicher und politischer Neuerung –
1988. 466 Seiten. Brosch. DM 90,-
ISBN 3-7908-0402-9

Band 6
Klaus Fischer
Oligopolistische Marktprozesse
– Einsatz verschiedener Preis-Mengen-Strategien unter Berücksichtigung von Nachfrageträgheit –
1988. 169 Seiten. Brosch. DM 55,-
ISBN 3-7908-0403-7

Band 7
Michael Laker
Das Mehrproduktunternehmen in einer sich ändernden unsicheren Umwelt
1988. 209 Seiten. Brosch. DM 58,-
ISBN 3-7908-0413-4

Band 8
Irmela von Bülow
Systemgrenzen im Management von Institutionen
– Der Beitrag der Weichen Systemmethodik zum Problembearbeiten –
1989. 278 Seiten. Brosch. DM 69,-
ISBN 3-7908-0416-9

Band 9
Heinz Neubauer
Lebenswegorientierte Planung technischer Systeme
1989. 183 Seiten. Brosch. DM 55,-
ISBN 3-7908-0422-3

Band 10
Peter Michael Sälter
Externe Effekte: „Marktversagen" oder Systemmerkmal?
1989. 196 Seiten. Brosch. DM 59,-
ISBN 3-7908-0423-1

Band 11
Peter Ockenfels
Informationsbeschaffung auf homogenen Oligopolmärkten
– Eine spieltheoretische Analyse –
1989. 163 Seiten. Brosch. DM
ISBN 3-7908-0424-X

Band 12
Olaf Jacob
Aufgabenintegrierte Büroinformationssysteme
– Allgemeines Datenmodell und Probleme der Realisierung –
1989. 177 Seiten. Brosch. DM 55,-
ISBN 3-7908-0430-4

Band 13
Johann Walter
Innovationsorientierte Umweltpolitik bei komplexen Umweltproblemen
1989. 208 Seiten. Brosch. DM 59,-
ISBN 3-7908-0433-9

Detlev Bonneval

Kostenoptimale Verfahren in der statistischen Prozeßkontrolle
Eine praxisorientierte Untersuchung

Mit 18 Abbildungen

Physica-Verlag Heidelberg

Reihenherausgeber
Werner A. Müller

Autor
Dr. Detlev Bonneval
Fernuniversität -GH- Hagen
Lehrgebiet für Statistik und Ökonometrie
Postfach 940
Feithstraße 140/AVZ II
D-5800 Hagen

ISBN-13:978-3-7908-0440-9   e-ISBN-13:978-3-642-46911-4
DOI:10.1007/978-3-642-46911-4

CIP-Titelaufnahme der Deutschen Bibliothek

Bonneval, Detlev:
Kostenoptimale Verfahren in der statistischen Prozeßkontrolle
: eine praxisorientierte Untersuchung / Detlev Bonneval. –
Heidelberg: Physica-Verl., 1989
(Wirtschaftswissenschaftliche Beiträge; Bd. 14)

NE: GT

Dieses Werk ist urheberrechtlich geschützt. Die dadurch begründeten Rechte, insbesondere die der Übersetzung, des Nachdruckes, des Vortrags, der Entnahme von Abbildungen und Tabellen, der Funksendungen, der Mikroverfilmung oder der Vervielfältigung auf anderen Wegen und der Speicherung in Datenverarbeitungsanlagen, bleiben, auch bei nur auszugsweiser Verwertung, vorbehalten. Eine Vervielfältigung dieses Werkes oder von Teilen dieses Werkes ist auch im Einzelfall nur in den Grenzen der gesetzlichen Bestimmungen des Urheberrechtsgesetzes der Bundesrepublik Deutschland vom 9. September 1965 in der Fassung vom 24. Juni 1985 zulässig. Sie ist grundsätzlich vergütungspflichtig. Zuwiderhandlungen unterliegen den Strafbestimmungen des Urheberrechtsgesetzes

© Physica-Verlag Heidelberg 1989

Die Wiedergabe von Gebrauchsnamen, Handelsnamen, Warenbezeichnungen usw. in diesem Werk berechtigt auch ohne besondere Kennzeichnung nicht zu der Annahme, daß solche Namen im Sinne der Warenzeichen- und Markenschutz-Gesetzgebung als frei zu betrachten wären und daher von jedermann benutzt werden dürften.

Bindearbeiten: J. Schäffer GmbH u. Co. KG., Grünstadt
7120/7130-543210

Vorwort

Die vorliegende Arbeit entstand während meiner Tätigkeit als wissenschaftlicher Mitarbeiter im Fachbereich Wirtschaftswissenschaft der Fernuniversität - Gesamthochschule - Hagen.
Für die großzügige Förderung und die vielfältigen Anregungen bei der Durchführung dieser Arbeit möchte ich mich bei Herrn Prof. Dr. Dr. J. Gruber, Fernuniversität - Gesamthochschule - Hagen, und bei Herrn Priv.-Doz. Dr. E. v. Collani, Universität Würzburg, bedanken. Mein Dank gilt außerdem Herrn Dipl.-Ök. Dipl.-Ing. E. Küchler für seine wertvolle Unterstützung bei der Lösung wichtiger Einzelprobleme.

Detlev Bonneval

Inhaltsverzeichnis

1	**Einleitung**	**7**
2	**Kostenoptimale Prüfverfahren in der Prozeßkontrolle**	**11**
	2.1 Allgemeine Annahmen	11
	2.2 Literaturübersicht	13
3	**Beschreibung des Modells**	**19**
	3.1 Ein allgemeines Modell in der Prozeßkontrolle	19
	3.2 Statistische Qualitätskontrolle	23
	3.2.1 Das Produktionsmodell	23
	3.2.2 Das Kostenmodell	24
	3.2.3 Die Gewinnfunktion	25
	3.2.4 Anwendung des Modells	28
	3.3 Sensitivitätsanalyse	39
	3.4 Zuverlässigkeitstheorie	41
4	**Effizienz des kostenoptimalen Prüfverfahrens**	**45**
	4.1 Allgemeine Angaben zur Effizienzanalyse	45

4.2	Abhängigkeit der Effizienz von a (Prüfkosten)	50
4.3	Abhängigkeit der Effizienz von b (Nutzen pro Erneuerung)	54
4.4	Abhängigkeit der Effizienz von δ (Verschiebungsparameter)	58
4.5	Abhängigkeit der Effizienz von λ (Parameter der Exponentialverteilung)	62
4.6	Zusammenfassung	66

5 Ökonomische Darstellung der Kostenparameter — 69

- 5.1 Der Begriff der Qualitätskosten 70
  - 5.1.1 Historische Entwicklung 70
  - 5.1.2 Aufgaben eines Qualitätskostensystems 71
  - 5.1.3 Definition und Gliederung der Qualitätskosten 71
- 5.2 Qualitätskosten beim kostenoptimalen Prüfverfahren 75
- 5.3 Ermittlung und Schätzung der Kostenparameter 79
  - 5.3.1 Grundlegende Begriffe zur Kostenrechnung 79
  - 5.3.2 Zusammenhang zwischen den modellrelevanten Qualitätskosten und den Kostenparametern des Modells 82
  - 5.3.3 Änderungen am Kostenmodell 84

6 Bestimmung der Kostenelemente — 89

- 6.1 Die Personal- und Betriebsmittelkosten 89
  - 6.1.1 Personalkosten 90
  - 6.1.2 Betriebsmittelkosten 95
- 6.2 Prüfkosten 106
  - 6.2.1 Kosten der Prüfplanung 106
  - 6.2.2 Kosten der Qualitätsschulung 108

		6.2.3	Prüfkosten im engeren Sinn	110

| | 6.2.4 | Kosten der Prüfdokumentation . . . . | 110 |

| 6.3 | Kosten der Inspektion und Erneuerung . . . . | 111 |

6.4	Fehlerkosten	114
	6.4.1 Interne Fehlerkosten	116
	6.4.2 Externe Fehlerkosten	120

6.5	Zusammenfassung	125
	6.5.1 Prüfkosten	125
	6.5.2 Kosten der Inspektion und Reparatur	126
	6.5.3 Fehlerkosten	127

7 Zur Anwendung kostenoptimaler Prüfverfahren in der Praxis - eine Fallstudie   129

7.1	Beschreibung des Produktionsablaufes	130
7.2	Beschreibung der Prozeßprüfung	131
7.3	Beschreibung der Inspektion	132
7.4	Beschreibung der Reparatur	132
7.5	Ermittlung der modellrelevanten Parameter	133
	7.5.1 Zeitparameter	133
	7.5.2 Technische Parameter	134
	7.5.3 Kostenparameter	136
7.6	Berechnung des kostenoptimalen Prüfplanes	140
7.7	Vergleich zwischen der IR- und der SIR-Kontrollstrategie	146
7.8	Zusammenfassung und Schlußfolgerungen	147

8 Beurteilung technischer Veränderungen des Prozesses — 151

8.1 Fortsetzung von Beispiel 3.1 — 152

8.2 Fortsetzung von Beispiel 3.2 — 155

8.3 Fortsetzung der Fallstudie — 159
8.3.1 Investitionen in die Schweißanlage — 159
8.3.2 Gebrauch von höherwertigem Lack — 160
8.3.3 Investitionen in die Bedampfungsanlage — 162

8.4 Zusammenfassung — 163

9 Zusammenfassung — 165

Anhang — 169

Literaturverzeichnis — 173

Abbildungsverzeichnis

4.1	Allgemeiner Verlauf einer Effizienzkurve	49
4.2	$E(a)$ bei verschiedenen Werten von b	51
4.3	$E(a)$ bei verschiedenen Werten von δ	52
4.4	$E(a)$ bei verschiedenen Werten von λ	53
4.5	$E(b)$ bei verschiedenen Werten von a	55
4.6	$E(b)$ bei verschiedenen Werten von δ	56
4.7	$E(b)$ bei verschiedenen Werten von λ	57
4.8	$E(\delta)$ bei verschiedenen Werten von a	59
4.9	$E(\delta)$ bei verschiedenen Werten von b	60
4.10	$E(\delta)$ bei verschiedenen Werten von λ	61
4.11	$E(\lambda)$ bei verschiedenen Werten von a	63
4.12	$E(\lambda)$ bei verschiedenen Werten von b	64
4.13	$E(\lambda)$ bei verschiedenen Werten von δ	65
5.1	Aufschlüsselung von Qualitätskosten	72
5.2	Gliederung der Qualitätskosten nach Kostengruppen und -arten	73
5.3	Gliederung der modellrelevanten Qualitätskosten nach Kostengruppen und -arten	76
5.4	Beziehungen zwischen Einzel-/Gemeinkosten und fixen/variablen Kosten	81
6.1	Aufteilung des Produktionsablaufes nach Fertigungsstufen und Qualitätsprüfungen	115

Kapitel 1

Einleitung

Seit Shewhart 1924 die Qualitätsregelkarten entwickelt hat [1], werden diese Verfahren der Statistischen Qualitätssicherung in breitem Rahmen in der Praxis angewandt. Kontrollkarten, wie sie auch genannt werden, benutzt man, um die Kontrolle über einen Prozeß zu erreichen und zu erhalten. Sie ermöglichen die Unterscheidung zwischen den unvermeidbaren zufälligen Ursachen von Schwankungen der Merkmalswerte und den zuweisbaren Ursachen (*assignable causes*), die man einem Prozeßfehler direkt zuordnen kann. Beim Vorliegen von zufälligen Fehlerursachen wird der Prozeß unverändert gelassen, bei zuweisbaren Ursachen versucht man hingegen, den Prozeßfehler zu finden und zu beseitigen [2].
Bei Anwendung einer einfachen Qualitätsregelkarte werden Stichproben von n Einheiten (in der Regel handelt es sich hier um Produktionsstücke) aus der laufenden Produktion entnommen und bestimmte meßbare (Variablenkontrolle) oder nicht-meßbare (Attributenkontrolle) Merkmalswerte in eine Kontrollkarte gezeichnet. Bewegen sich die Werte knapp um einen Sollwert, führt man die Streuung auf zufällige Ursachen zurück. Überschreiten oder unterschreiten die Merkmalswerte jedoch bestimmte Eingriffs- oder Warngrenzen, so deutet dies auf das Vorhandensein von zuweisbaren Fehlerursachen hin. In diesem Fall ist eine Fehlersuche und -beseitigung im Prozeß notwendig.

Bei der Festlegung des Prüfplanes werden die Werte des Kontrollabstandes T, des Stichprobenumfanges n und der Grenzlinien bestimmt. In der Regel wird der Prüfplan nach statistischen Kriterien gestaltet; dies gilt insbesondere für den Stichprobenumfang und für die Grenzlinien. Die Grenzlinien werden häufig so bestimmt, daß die Irrtumswahrscheinlichkeit, d.h. die Wahrscheinlichkeit eines Alarms, obwohl kein Fehler vorliegt, gleich einem vorgegebenen Wert ausfällt, und zwar - wie auch sonst in der Statistik üblich und bewährt - meistens gleich 5% oder 1%.
Shewhart (1939) hat den Gebrauch von den sog. 3-Sigma-Eingriffsgrenzen bei Stichprobenumfängen von n=4 oder n=5 bei Anwendung der $\overline{X}$-Karte (Mittelwertkarte) propagiert. Obwohl diese Regel eher eine empirisch-ökonomische Grundlage als eine

---
[1] Vgl. dazu Shewhart (1931 und 1939).
[2] Siehe dazu Schaafsma/Willemze (1973), S. 124 ff.

formelle statistische Basis hat, wird sie auf Grund ihrer Einfachheit noch heute am häufigsten in der Praxis benutzt.

Der Kontrollabstand T zwischen zwei Qualitätsprüfungen wird nur selten analytisch bestimmt. Oft werden auch produktionstechnische Kriterien zur Festlegung von T herangezogen, wie z.B. die Produktionsrate oder die erwartete Häufigkeit des Auftretens von Prozeßfehlern. In der Praxis hat sich dabei ein einstündiger Abstand bewährt.

Die Anwendung von statistischen Kriterien und die jahrzehntelange Erfahrung aus der Praxis haben zu allgemeinen Richtlinien für die Festlegung des Prüfplanes geführt. Eine kurze Übersicht hierzu findet man z.B. bei Lorenzen/Vance (1986). Diesen Richtlinien mangelt es jedoch an jeder analytischen Grundlage. Man muß sie als „Daumenregeln" werten, die die individuellen Besonderheiten eines Prozesses unberücksichtigt lassen. Optimalitätskriterien werden in jeder Hinsicht vernachlässigt.

Um einen Prüfplan zu bestimmen, der dem Prozeß genau angepaßt ist, können wirtschaftliche Kriterien herangezogen werden. Dies ist sinnvoll, da jede Prüfplangestaltung ökonomische Folgen hat. Die Kosten der Prüfung, der Fehlersuche, der möglichen Fehlerkorrektur und die Folgekosten von fehlerhaften Einheiten hängen unmittelbar von der Art des Prüfplanes ab.

Bereits seit Anfang der fünfziger Jahre sind mehrere Methoden entwickelt worden, die die Schwächen der allgemeinen Richtlinien - man spricht auch von *herkömmlichen Verfahren* - durch Anwendung des Optimalitätskriteriums der Kostenminimierung vermeiden. Ausgehend von einer Zielfunktion werden der Kontrollabstand T, der Stichprobenumfang n und die Grenzlinien so bestimmt, daß die mit der Qualitätsprüfung zusammenhängenden Kosten minimiert werden. Daher spricht man auch von *kostenoptimalen Prüfverfahren*. Die zu bestimmenden Größen des Prüfplanes werden auch als Entscheidungsparameter bezeichnet.

Die herkömmlichen Verfahren können beim Vorliegen bestimmter Prozeßbedingungen durchaus auch kostengünstig sein. Wie später noch zu zeigen sein wird, ist dies jedoch nicht immer der Fall. Die kostenoptimalen Methoden liefern dagegen in jedem Fall den aus ökonomischer Sicht besten Prüfplan.

Obwohl in der Zwischenzeit eine ganze Reihe verschiedener Ansätze von kostenoptimalen Prüfverfahren der statistischen Prozeßkontrolle zur Auswahl stehen, haben diese neuen Methoden bisher kaum Eingang in die Praxis gefunden. Das Ziel dieser Arbeit ist es, die Probleme der praktischen Anwendung der kostenoptimalen Prüfverfahren zu ergründen und Möglichkeiten zur Lösung dieser Probleme aufzuzeigen. Ein wichtiges Problem ist die Ermittlung der Werte der in die Modelle eingehenden Kostenparameter. In der Literatur beschränkt man sich in der Regel auf die Darstellung der theoretischen Konzepte, ohne konkrete Hinweise für deren Umsetzung in die Praxis zu geben. Diese Lücke soll durch die vorliegende Arbeit geschlossen werden, indem eine geschlossene und analytische Darstellung der ökonomischen Hintergründe des zu untersuchenden Prozesses gegeben wird. Anhand einer praktischen Fallstudie wird gezeigt, wie das kostenoptimale Verfahren in einem konkreten Fall mit Hilfe des dargestellten Kostensystems angewandt werden kann. Effizienzbetrachtungen sollen die Möglichkeiten der

Kostenersparnis bei Anwendung der kostenoptimalen Prüfverfahren aufzeigen.

Zunächst wird eine kurze Übersicht über die bisher entwickelten Prüfverfahren der kostenoptimalen Prozeßkontrolle gegeben (Kapitel 2). Nach Darlegung der gemeinsamen Prozeß- und Kostenannahmen werden die einzelnen Methoden, gegliedert nach den verschiedenen Qualitätsregelkarten, kurz vorgestellt.

In Kapitel 3 wird dann eine bestimmte kostenoptimale Prüfmethode ausführlich beschrieben. Es handelt sich um das allgemeine Modell von v. Collani (1987a), das sich durch seine große Vielseitigkeit auszeichnet. Das Modell läßt sich für alle Qualitätsregelkarten einfach anpassen. Darüber hinaus kann es auch außerhalb der Statistischen Qualitätssicherung angewandt werden. Eine Zusammenfassung der Ergebnisse einer Sensitivitätsanalyse zeigt die große Robustheit des Prüfverfahrens gegenüber Veränderungen der Inputparameter. Dieses Modell bildet die Grundlage für alle weiteren Ausführungen in dieser Arbeit.

Die Einführung kostenoptimaler Prüfverfahren in die Praxis läßt sich nur dann rechtfertigen, wenn sie mit einer gewissen Kostenersparnis einhergeht. Daher soll in Kapitel 4 aufgezeigt werden, bei welchen Parameterkonstellationen die neuen Methoden besonders vorteilhaft sind. Dazu wird der Gewinn, der mit dem kostenoptimalen Verfahren erzielt werden kann, mit dem Gewinn bei Anwendung der herkömmlichen Methode verglichen. Die Ergebnisse dieser umfangreichen Effizienzanalyse werden anhand von Graphen veranschaulicht.

Aufsätze über die ökonomischen Hintergründe der Kostenparameter von kostenoptimalen Prüfverfahren liegen in der Literatur bisher nicht vor. Bei der Beschreibung der verschiedenen Verfahren werden die Kostenparameter lediglich kurz angegeben, ohne daß dabei geklärt wird, wie diese ökonomischen Parameter ermittelt werden können. Im Gegensatz dazu wurde eine Vielzahl von Aufsätzen veröffentlicht, die sich mit den sogenannten *Qualitätskosten* befassen. Es wurden umfangreiche Gliederungen entwickelt, die alle mit der Qualität zusammenhängenden Kosten beinhalten. In Kapitel 5 wird untersucht, inwieweit einzelne Kostenarten der Qualitätskostensysteme auch im hier betrachteten Modell der kostenoptimalen Prozeßkontrolle berücksichtigt werden müssen. Die dazugehörigen Kostenbegriffe müssen dabei angepaßt werden. Daraus wird der Begriff der *modellrelevanten Qualitätskosten* abgeleitet. Das Ziel ist die Entwicklung eines umfangreichen und detaillierten Kostensystems, das alle für das Modell benötigten Informationen beinhaltet. Danach werden die Zusammenhänge zwischen den modellrelevanten Qualitätskosten und den Kostenparametern des Modells dargelegt.

In Kapitel 6 soll der erste Schritt auf dem Weg zur Bestimmung der Kostenparameter untersucht werden. Es geht um die Frage, aus welchen Kostenelementen und -unterelementen sich die modellrelevanten Kostenarten aus Kapitel 5 zusammensetzen. Es werden genaue Begriffsabgrenzungen der Kostenelemente und Formeln zu deren Bestimmung angegeben. Des weiteren sollen die hiermit zusammenhängende Problematik aufgezeigt und mögliche betriebliche Datenquellen genannt werden. In einer Zusammenfassung werden die Bestimmungsgleichungen für alle in das Modell eingehenden Kostenparameter angegeben. Dieses Gleichungssystem soll es dem Praktiker ermöglichen, das Prüfverfahren im Einzelfall anzuwenden.

In einer Fallstudie wird die praktische Anwendbarkeit der kostenoptimalen Methode gezeigt. Das in Kapitel 5 und 6 vorgestellte Kostensystem wird anhand eines ausführlichen Beispiels aus der Praxis veranschaulicht (Kapitel 7). Es werden alle notwendigen Schritte zur Anwendung des kostenoptimalen Prüfverfahrens dargestellt. Nach der Beschreibung des Produktionsprozesses und der Kontrollmaßnahmen folgt die Ermittlung der ökonomischen, technischen und Zeitparameter. Anschließend wird der kostenoptimale Prüfplan bestimmt und das Ergebnis interpretiert.

Eine detaillierte und systematische Darstellung der ökonomischen Hintergründe der Prozeßprüfung kann auch außerhalb des Bereichs der Qualitätssicherung von Nutzen sein. Als Ergänzung zu den vorherigen Ausführungen werden in Kapitel 8 beispielshaft die Möglichkeiten der Anwendung des kostenoptimalen Verfahrens als Entscheidungshilfe im Managementbereich dargestellt.

Kapitel 2

Kostenoptimale Prüfverfahren in der Prozeßkontrolle

In diesem Kapitel wird eine kurze Übersicht über die bisher entwickelten kostenoptimalen Prüfverfahren der Prozeßkontrolle gegeben. Zunächst werden die allgemeinen Annahmen dieser Verfahren bezüglich des zugrundegelegten Prozesses und bezüglich der Kosten dargelegt. Anschließend folgt eine Literaturübersicht, gegliedert nach verschiedenen Qualitätsregelkarten.

2.1 Allgemeine Annahmen

In den letzten drei Jahrzehnten sind eine Vielzahl von Aufsätzen hauptsächlich in der amerikanischen Literatur veröffentlicht worden, die sich mit kostenoptimalen Prüfverfahren befassen. Dabei wurde eine ganze Reihe von Modellvarianten entwickelt, die sich in wesentlichen Annahmen über den zugrundeliegenden Prozeß und die Kostenstruktur kaum unterscheiden.

Prozeßannahmen

Folgende Prozeßannahmen sind Bestandteil von fast jedem ökonomischen Modell in der Prozeßkontrolle:

- Der zugrundeliegende Prozeß muß sich unter *statistischer Kontrolle* befinden. Ein solcher *stabiler* Prozeß liegt dann vor, wenn es keine Anzeichen mehr dafür gibt, daß die Streuung auf zuweisbare Ursachen zurückzuführen ist [1]. Die kostenoptimalen Prüfverfahren lassen sich dann anwenden, wenn man mit einem stabilen und wenig störanfälligen Produktionsprozeß eine hohe Qualität erzielen kann. Diese Forderung wird in der industriellen Praxis der Bundesrepublik Deutschland (und auch Japans) weitgehend erfüllt.

---

[1] Vgl. hierzu die Ausführungen bei Deming (1986). Er spricht in diesem Zusammenhang von sog. *special causes*, während Shewhart diese Ursachen mit *assignable causes* bezeichnet.

- Der Prozeß kann sich in verschiedenen, klar definierbaren Zuständen befinden. Der Sollzustand liegt vor, wenn der Prozeß zufriedenstellend läuft. Dagegen ist der Prozeß in einem Nicht-Sollzustand, wenn ein Prozeßfehler auftritt und der Prozeß nicht mehr zufriedenstellend arbeitet. Es ist ein Eingriff in den Prozeß notwendig (zumeist eine Erneuerung oder Reparatur), um ihn wieder in den Sollzustand zu überführen. Einige Modelle lassen mehrere Nicht-Sollzustände zu, wobei jeder dieser Zustände mit einer bestimmten zuweisbaren Fehlerursache zusammenhängt.

- Es wird angenommen, daß die Verweildauer des Prozesses im Sollzustand durch eine Exponentialverteilung beschrieben werden kann. Dadurch vereinfacht sich die Bestimmung kostenoptimaler Prüfpläne erheblich. Es ist jedoch eine ziemlich einschränkende Annahme, da sie unterstellt, daß der Prozeß im Laufe der Zeit nicht fehleranfälliger wird (*Gedächtnislosigkeit* der Exponentialverteilung). Alterungs- oder Abnutzungserscheinungen - eine bei Produktionsprozessen oft anzutreffende Eigenschaft - werden strenggenommen nicht berücksichtigt.

- Man geht von der Annahme aus, daß der Sollzustand und der Nicht-Sollzustand jeweils einelementig sind. Dazwischen liegende Zustände und eine stetige Zustandsbeschreibung werden nicht zugelassen.

Kostenannahmen

Die mit der Qualitätsprüfung zusammenhängenden Kosten werden als Kostenparameter in das Modell eingefügt. Grundsätzlich müssen bei jedem Modell die gleichen Kosten angesetzt werden. Hinsichtlich der Art und Anzahl der Kostenparameter gibt es jedoch Unterschiede.

Man unterscheidet folgende drei Hauptkostengruppen:

- *Prüfkosten:* Die Kosten der Qualitätsprüfung gliedern sich in fixe, von der Anzahl der Prüfstücke unabhängige Kosten (z.B. Unterhaltskosten der Prüfabteilung) und in einen variablen, von der Anzahl der Stücke abhängigen Teil (z.B. Betriebskosten der Prüfgeräte usw.). Einige Autoren verzichten auf den fixen Teil und ordnen alle Prüfkosten den variablen Kosten zu.

- *Kosten der Inspektion und Erneuerung des Prozesses:* Die Kosten der Fehlersuche und mögliche Kosten der Erneuerung (Reparatur) des Prozeßfehlers, falls dieser vorliegt. Die Kosten der Inspektion können unterschiedlich sein, je nachdem, ob sich der Prozeß als fehlerhaft oder nicht-fehlerhaft herausstellt. Bei Annahme von mehreren Nicht-Sollzuständen sollte eine entsprechende Anzahl von Kostenparametern angesetzt werden.

- *Fehlerkosten:* Man unterscheidet interne (z.B. Ausschußkosten) und externe Fehlerkosten (Gewährleistungskosten, Produzentenhaftungskosten usw.) in Abhängigkeit vom Entdeckungsort des Produktfehlers.

Dies ist die allgemein übliche Gliederung der Kosten. Sachlich richtig wäre jedoch die Einteilung in die Gruppen *Prüf- und Inspektionskosten* (Kosten zur Erkennung des Prozeßzustandes), *Reparatur- und Erneuerungskosten* (Kosten für korrektive Maßnahmen) und *Fehlerkosten*.

Die Kostenparameter und die sog. technischen Parameter, die den Prozeß beschreiben, gehen in eine Verlustfunktion ein, die durch Minimierung zum kostenoptimalen Prüfplan führt. Als Zielfunktion wird am häufigsten der langfristige durchschnittliche Verlust pro Zeiteinheit angewandt. Andere Autoren benutzen dagegen als Kriterium den langfristigen durchschnittlichen Verlust pro produziertem Stück, das im Vergleich zum erstgenannten zu einer wesentlich einfacheren Verlustfunktion führt.

2.2 Literaturübersicht

$\overline{X}$-Karte

Ein erstes ökonomisches Modell zur Bestimmung optimaler Shewhart-Kontrollkarten für die laufende Kontrolle eines quantitativen Merkmals wurde von Duncan (1956) entwickelt. Hierbei werden die drei Entscheidungsparameter des Prüfplanes durch einen formalen Optimierungsprozeß ohne Vorgabe von statistischen Eigenschaften bestimmt. Duncans Modell wurde zur Grundlage der meisten später entwickelten kostenoptimalen Verfahren. Es bezieht sich, wie auch der größte Teil der anderen Modelle, auf die Bestimmung kostenoptimaler $\overline{X}$-Karten, bei denen der Mittelwert eines meßbaren Merkmals geprüft wird. Hier hat der Prozeßfehler eine Verschiebung des Erwartungswertes μ des Merkmals zur Folge. Als Zielfunktion benutzt Duncan den durchschnittlichen Verlust pro Zeiteinheit auf lange Sicht. Er gibt auch ein approximatives Lösungsverfahren an, das gute Ergebnisse liefert, und zeigt an einigen Zahlenbeispielen den relativen Vorteil seiner Methoden gegenüber den herkömmlichen Verfahren.
Zwei wenig realitätsnahe Annahmen von Duncans Modell schränken seine praktische Anwendung entscheidend ein. Der Prozeß kann demnach während der Fehlersuche nicht unterbrochen werden und die Kosten der Erneuerung werden nicht explizit berücksichtigt.
Einige Autoren haben verbesserte Optimierungsmethoden für Duncans Modell entwickelt (so z.B. Goel u.a. (1968)) und auch Sensitivitätsanalysen durchgeführt.
Chiu/Wetherill (1974) geben ein einfaches approximatives Optimierungsverfahren an, bei dem ein bestimmter Wert für die Wahrscheinlichkeit des Fehlers zweiter Art vorgegeben wird. Ein so bestimmter Prüfplan wird dann als „semiökonomisch" bezeichnet. Auch ein Verfahren von Gibra (1971) bietet die Möglichkeit, im vorhinein bestimmte Qualitätsanforderungen zu berücksichtigen. Montgomery (1982) hat schließlich ein Computerprogramm entwickelt, das eine schnelle Bestimmung der kostenoptimalen $\overline{X}$-Karte nach Duncans Verfahren erlaubt.

v. Collani (1978, 1981) führte als Zielfunktion den langfristigen durchschnittlichen

von Montgomery/Heikes/Mance (1975) ist eine Erweiterung des Modells von Ladany (1973) für den Fall mehrerer Nicht-Sollzustände. Bei Duncan (1978) findet man eine ausführliche Sensitivitätsanalyse für kostenoptimale p- und np-Karten. Sein Modell basiert, wie das von Chiu (1975), auf dem von Duncan (1956).
Behl (1985) hat das $\overline{X}$-Karten-Modell von v. Collani (1981) auf die np-Karte angepaßt. Auch hier wird als Optimalitätskriterium der langfristige durchschnittliche Gewinn pro produziertem Stück verwendet. v. Collani (1986b) gibt einen einfachen Lösungsweg an, um kostenoptimale np- und auch c-Karten (Zahl der Fehler je Stichprobe als Prüfgröße) zu bestimmen. Mit Hilfe von Nomogrammen wird hier eine gute Approximation erreicht. In Arnold (1987a) wird ein Verfahren dargestellt, das, ähnlich wie bei der $\overline{X}$-Karte, durch Anwendung des Minimax-Prinzips zu kostenoptimalen np-Karten führt.

Qualitätsregelkarten mit Warngrenzen

In der Praxis werden die Qualitätsregelkarten nur selten ohne Warngrenzen eingesetzt. Kostenoptimale Verfahren, die diesem Tatbestand Rechnung tragen, wurden jedoch erst mit etwas Verspätung entwickelt. Gordon/Weindling (1975) haben ein allgemeines Modell mit Berücksichtigung von Warngrenzen untersucht, das für alle Kontrollkarten angepaßt werden kann. Sie benutzen als Optimalitätskriterium den durchschnittlichen Verlust pro produziertem Stück. Chiu/Cheung (1977) verwenden dagegen als Kriterium die erwarteten Kosten pro Zeiteinheit. Sie beschränken sich in ihrer Arbeit auf die $\overline{X}$-Karten mit Warngrenzen und empfehlen deren Benutzung aus „psychologischen Gründen". In einer Untersuchung werden die kostenoptimalen $\overline{X}$-Karten nur mit Eingriffsgrenzen, die kostenoptimalen $\overline{X}$-Karten mit zusätzlichen Warngrenzen und die Cusum-Karten verglichen. Vom ökonomischen Aspekt aus betrachtet bestehen kaum Unterschiede. Chiu und Cheung empfehlen ein Verhältnis der Warngrenze zur Eingriffsgrenze von 0,85 anstelle des in der Industrie bevorzugten Wertes von 2/3.

Annahme verschiedener Verteilungen

Einige Autoren haben sich mit der Frage beschäftigt, ob die Annahme der exponentialverteilten Verweildauer des Sollzustandes für bestimmte Prozesse geeignet ist. Baker (1971) bei der $\overline{X}$-Karte, Saniga (1979) bei der $\overline{X}$-R-Karte, Heikes/Montgomery/Yeung (1974) bei der T^2-Karte und Montgomery/Heikes (1976) bei der np-Karte kommen zu dem übereinstimmenden Ergebnis, daß die falsche Wahl der Verteilung zu nichtkostenoptimalen Prüfplänen führt. Bei bestimmten Prozeßbedingungen erweist sich der Ansatz der Exponentialverteilung als ungeeignet.

Arnold/v. Collani (1986) gelangen dagegen zu dem Ergebnis, daß die von ihnen entwickelten kostenoptimalen Mittelwertkarten sehr robust sind gegenüber Veränderungen der Verteilungsannahme der Verweildauer des Sollzustandes. Sie vergleichen den durchschnittlichen Verlust pro produziertem Stück von kostenoptimalen Prüfplänen, bei denen die Exponentialverteilung zugrundegelegt wird, mit Prüfplänen, die mit dem

Minimax-Optimierungsprinzip erstellt wurden. Es ergeben sich keine nennenswerten Unterschiede zwischen beiden Verfahren.

Unified Approach

Wenigen Autoren ist es bisher gelungen, ein allgemeines Modell der kostenoptimalen Prozeßkontrolle aufzubauen, das für alle Qualitätsregelkarten gleichermaßen angewandt werden kann [2]. Die Vorteile liegen in erster Linie in der Vereinheitlichung der Prozeßannahmen, Kostenstruktur und Terminologie. Lorenzen/Vance (1986) entwickelten als erste solch ein umfassendes Modell. Sie verwenden als Optimalitätskriterium die erwarteten Kosten pro Stunde. Mit diesem Verfahren läßt sich auch zum ersten Mal ein kostenoptimaler Prüfplan für die bisher in der Literatur vernachlässigte u-Karte (Zahl der Fehler pro Einheit als Prüfgröße) bestimmen.
v. Collani (1987a) benutzt ähnlich wie schon bei seinen vorher genannten Arbeiten als Optimalitätskriterium den durchschnittlichen Gewinn pro produziertem Stück. Seine Zielfunktion, die als standardisierte Gewinnfunktion definiert wird, konnte im Vergleich zu der Verlustfunktion von Lorenzen und Vance erheblich vereinfacht werden. Die Gewinnfunktion hängt explizit nur von zwei Kostenparametern und einem technischen Parameter ab, wohingegen die Zielfunktion von Lorenzen und Vance allein 15 Parameter aufweist. Das Modell von v. Collani läßt sich leicht auf die verschiedenen Kontrollkarten anwenden, indem man die unterschiedlichen Bestimmungsgleichungen für die Wahrscheinlichkeiten der Fehler erster und zweiter Art einfügt. Darüber hinaus läßt sich das Verfahren auch auf bestimmte Methoden der Zuverlässigkeitstheorie anwenden. Eine ausführliche Beschreibung dieses Modells erfolgt in Kapitel 3.

EDV-Systeme zur Qualitätssicherung

Die neuesten Entwicklungen zielen in die Richtung umfassender Computerverfahren der Qualitätssicherung. Diese Methoden ermöglichen es, eine noch größere Anzahl von Kosten- und technischen Daten und die sog. Qualitätshistorie der geprüften Artikel in das Modell einzufügen. Die individuellen kostenoptimalen Prüfpläne werden durch umfangreiche Berechnungen bestimmt.
Eine praktische Anwendung scheitert bisher am großen Kostenaufwand (auch für die Betreuung der Software) und an der Komplexität dieser Modelle. Erste Aufsätze zu diesem Themenkomplex sind für die Abnahmeprüfung und für kontinuierliche Stichprobenpläne veröffentlicht worden [3].

Eine ausführliche und kommentierte Literaturübersicht zu den kostenoptimalen Verfahren der Prozeßkontrolle findet man bei Montgomery (1980,1985). Weitere allgemeine Literaturhinweise zu den verschiedenen Methoden der Qualitätsregelkarten geben Gibra (1975) und Vance (1983).

---

[2] Solche Modelle werden mit dem Schlagwort *Unified Approach* umschrieben.
[3] Vgl. Rödder/Schneider (1984) und EPS (1983).

Kapitel 3

Beschreibung des Modells

Das in diesem Kapitel dargestellte Modell wurde in dieser Form von v. Collani (1987a) entwickelt.

3.1 Ein allgemeines Modell in der Prozeßkontrolle

Im folgenden wird ein Modell für die laufende Kontrolle eines Produktionsprozesses beschrieben, das für die Zwecke der Zuverlässigkeitstheorie und der Statistischen Qualitätssicherung angewandt werden kann. Ziel ist die Entwicklung eines optimalen Kontrollplanes, der die ökonomischen Aspekte berücksichtigt.

Der Produktionsprozeß kann sich in zwei Zuständen befinden. Zustand I, der Sollzustand, liegt vor, wenn die Produktion zufriedenstellend läuft. Bei diesem Zustand wird nicht in den Fertigungsprozeß eingegriffen.
Der Prozeß ist dagegen in Zustand II, dem Nicht-Sollzustand, wenn nicht zufriedenstellend produziert wird. In diesem Fall ist ein Eingriff in den Produktionsprozeß notwendig, um ihn wieder in den Zustand I zu überführen.
Zu Beginn befindet sich der Produktionsprozeß in Zustand I. Später kann er auf Grund eines Fehlers des Prozesses in den Zustand II übergehen. Dieser Zustand hält bis zu einem eventuellen Eingriff in den Fertigungsprozeß (z.B. eine Reparatur des Produktionsapparates) an, nach welchem der Prozeß wieder in Zustand I beginnt.

Zur Vereinfachung wird angenommen, daß nur eine einzige Art von Eingriffsaktion möglich ist. Außerdem verzichten wir auf den Fall mehrerer Nicht-Sollzustände, da dieser Fall, wie bereits in Kapitel 2 erwähnt, durch das einfache Modell hinreichend gut approximiert werden kann.
Eine genauere Beschreibung der beiden Zustände I und II erfolgt in Abschnitt 3.2 und 3.4, in denen die Anwendung des Modells anhand von Beispielen betrachtet wird.

Durch geeignete Kontroll- und Reparaturmaßnahmen soll der Produktionsprozeß in der Regel in Zustand I arbeiten, um einen möglichst hohen Gewinn zu erreichen.

Eine Erneuerung oder Reparatur wird dann vorgenommen, wenn festgestellt wurde, daß sich der Produktionsprozeß in Zustand II befindet. Zur Feststellung des Zustands müssen zusätzliche Maßnahmen durchgeführt werden, wenn der Zustand nicht ohnehin schon bekannt ist. Hier werden als Kontroll- und Reparaturmaßnahmen (die wir hier auch als *Qualitätsmaßnahmen* bezeichnen) die folgenden drei betrachtet:

- Stichprobenprüfung **S** (Umfang n),
- Inspektion **I**,
- Reparatur (Erneuerung) **R**.

Bei einer Stichprobenprüfung werden n Prüfeinheiten aus der laufenden Produktion entnommen, auf bestimmte Merkmale hin untersucht und die Merkmalswerte z.B. in eine Qualitätsregelkarte gezeichnet. Überschreiten die Merkmalswerte bestimmte Grenzlinien der Kontrollkarte, so folgt anschließend eine Inspektion des Produktionsprozesses, um einen eventuellen Prozeßfehler zu suchen. Bei Vorliegen eines Fehlers wird eine Erneuerung oder Reparatur eingeleitet, bei der der Prozeßfehler beseitigt wird.

Der grundlegende Unterschied zwischen Stichprobenprüfung und Inspektion besteht darin, daß die Wahrscheinlichkeit des Erkennens des tatsächlichen Prozeßzustandes bei der Stichprobenprüfung kleiner als 1 ist, während sie bei der Inspektion 1 beträgt.

Es wird zugelassen, daß der Prozeß sowohl bei der Inspektion wie auch bei der Reparatur angehalten werden muß.

Je nachdem, welche der Maßnahmen durchgeführt werden, kann man folgende fünf Kontrollstrategien unterscheiden:

1. *Strategie* **SIR**: Stichprobenprüfung, Inspektion, Reparatur.

2. *Strategie* **SR**: Stichprobenprüfung, Reparatur.

3. *Strategie* **IR**: Inspektion, Reparatur.

4. *Strategie* **R**: Reparatur.

5. *Strategie* **0**: keine Maßnahmen.

Wir werden nur die Strategien 1, 3 und 4 untersuchen.

Das Ziel ist die Bestimmung eines Kontrollplanes, der die auftretenden Kosten- und Gewinngrößen gegeneinander abwägt. Dabei reicht es aus, die ökonomischen Auswirkungen der gewählten Kontrollstrategie zu berücksichtigen. Bei der Definition einer Kostenfunktion müssen somit nur solche Kostenparameter explizit eingeführt werden, die in direktem Zusammenhang mit den verschiedenen Strategien stehen. Diese Kostenparameter werden daher als *ökonomische Schlüsselparameter* bezeichnet. Entsprechend der Anzahl der Qualitätsmaßnahmen werden folgende drei Schlüsselparameter beschrieben:

$a^* \geq 0$: **Kosten für die Stichprobenprüfung einer Produktionseinheit.**
Das Modell berücksichtigt hier nur die variablen Stichprobenkosten und sieht einen proportionalen Zusammenhang vor: a^*n. Die von der Anzahl der Stichprobenentnahmen unabhängigen, fixen Kosten sind nicht in a^* enthalten [1]. Der Spezialfall $a^* = 0$ beschreibt die Situation, daß eine Vollkontrolle durchgeführt wird und so der Zustand jeder Produktionseinheit bekannt ist. In diesem Fall gehen die Prüfkosten je Stück nicht in die Kostenfunktion ein. Es wird die Kontrollstrategie IR angewandt [2].

$e^* \geq 0$: **Erwartete Kosten einer unnötigen Inspektion.**
Diese Kosten fallen dann an, wenn eine Inspektion des Produktionsprozesses erfolgt, obwohl sich dieser tatsächlich in Zustand I befindet (falscher Alarm). e^* stellt den Erwartungswert der Kosten dar. Dieser Kostenparameter enthält die tatsächlichen Kosten der Inspektion sowie alle Kosten, die damit indirekt zusammenhängen. Wird der Produktionsprozeß während der Inspektion angehalten, dann enthält e^* auch die in dieser Zeit anfallenden fixen Kosten des Produktionsprozesses wie Personal- und Kapitalkosten.
Die Kosten einer Inspektion in Zustand II müssen hier nicht explizit aufgeführt werden, da man sie auch als einen Teil der Kosten für die anschließende Reparatur (Erneuerung) betrachten kann. $e^* = 0$ bedeutet, daß der Zustand des Prozesses zu jedem Zeitpunkt mit der Wahrscheinlichkeit 1 bekannt ist. In diesem Fall ist weder eine Stichprobenprüfung noch eine Inspektion notwendig, so daß die Strategie R angewandt werden sollte.

b^*: **Erwarteter Nutzen einer Reparatur (Erneuerung).**
Unter diesem Schlüsselparameter versteht man den zusätzlichen Gewinn, den man durch eine Erneuerung des Prozesses (d.h. durch den Übergang des Prozesses von Zustand II in I) erzielt, abzüglich der Kosten der Erneuerung, die aus den Kosten der Inspektion, der Reparatur und den Kosten während eines möglichen Stillstandes der Produktion bestehen.
Vom dritten Schlüsselparameter, dem Nutzen pro Erneuerung, sollte man erwarten, daß er immer positiv ist. Falls $b^* \leq 0$ gilt, bedeutet dies, daß eine Reparatur (Erneuerung) insgesamt gesehen die Kosten erhöht. Als kostengünstigste Strategie erweist sich in diesem Fall die Kontrollstrategie 0. Dieser Spezialfall kann jedoch auch die Folge einer unangemessenen Definition der beiden Zustände sein.

Die drei ökonomischen Schlüsselparameter hängen ihrerseits von einer großen Anzahl von Kostenparametern ab, die den zugrundeliegenden Produktionsprozeß und die Zustände I und II kennzeichnen. Diese Kostenparameter werden als die *primären Parameter* bezeichnet. Neben diesen Kostenparametern müssen noch technische Größen bekannt sein, die den Prozeß beschreiben.
Nun muß eine Zielfunktion gebildet werden, die eine kostenoptimale Qualitätsprüfung

---
[1] Diese werden in c_1 berücksichtigt, siehe dazu Abschnitt 3.2.2.
[2] Vgl. v. Collani (1987b).

ermöglicht. Die Herleitung dieser Zielfunktion soll nachfolgend anhand von Beispielen aus den Gebieten der Statistischen Qualitätskontrolle und der Zuverlässigkeitstheorie beschrieben werden.

3.2 Statistische Qualitätskontrolle

In diesem Abschnitt wird ein mögliches Produktions- und Kostenmodell für den Bereich der Statistischen Qualitätskontrolle dargestellt und eine geeignete Zielfunktion zur Bestimmung kostenoptimaler Prüfpläne hergeleitet. Abschließend wird das Modell anhand von Beispielen für die laufende Kontrolle eines qualitativen und eines quantitativen Merkmals veranschaulicht.

3.2.1 Das Produktionsmodell

Bei dem hier betrachteten Produktionsmodell wird in einem Fertigungsprozeß ein Produkt stückweise hergestellt. Das Modell ist jedoch auch bei der Fertigung eines fließenden Produkts anwendbar, wenn eine geeignete Aufteilung des Gutes vorgenommen wird. Es wird angenommen, daß die Produktionsgeschwindigkeit v (Anzahl der produzierten Stücke pro Zeiteinheit) positiv und konstant ist.

Die Verweildauer des Produktionsprozesses in den Zuständen I und II wird mit τ_I bzw. τ_{II} bezeichnet. Dabei wird die für die Herleitung der Gewinnfunktion wichtige Annahme getroffen, daß τ_I exponentialverteilt ist mit dem Erwartungswert $1/\lambda$. Es gilt also für $t \geq 0$:

$$\begin{aligned} P(\tau_I \leq t) &= \int_0^t e^{-\lambda z} dz \\ &= 1 - e^{-\lambda t}. \end{aligned} \qquad (3.1)$$

Aus der Annahme der Exponentialverteilung folgt, daß der Produktionsprozeß nicht altert, also im Laufe der Zeit nicht fehleranfälliger wird. In der Zuverlässigkeitstheorie spricht man in diesem Zusammenhang von der *Gedächtnislosigkeit* der Exponentialverteilung.
Arnold/v. Collani (1986) zeigen, daß das kostenoptimale Verfahren sehr robust ist bezüglich Abweichungen von dieser Verteilungsannahme. Auch wenn der Prozeß Alterungs- oder Abnutzungserscheinungen aufweist, läßt sich das Modell als eine gute Näherung verwenden, ohne entscheidend höhere Kosten zur Folge zu haben.
λ wird auf Grund seiner Bedeutung bei der Prüfplanbestimmung neben dem Verschiebungsparameter als *technischer Schlüsselparameter* bezeichnet.

Die in Abschnitt 3.1 vorgestellten Maßnahmen (Stichprobenprüfung, Inspektion, Reparatur) bedingen ein Kontrollverfahren, das durch einen

Prüfplan (T, n, E)

beschrieben wird, wobei

$$\begin{aligned} T &= Kontrollabstand\ (0 < T \leq \infty), \\ n &= Stichprobenumfang\ (n\ ganzzahlig,\ n \geq 0), \\ E &= Entscheidungsregel\ (E \in \mathcal{E}). \end{aligned}$$

$\mathcal{E} \neq \emptyset$ ist dabei die Menge der zugelassenen Entscheidungsregeln, z.B. die Menge der $\overline{X}$-Karten oder die Menge der np-Karten, die in Abschnitt 3.2.4 näher beschrieben werden. Wegen der angenommenen Exponentialverteilung ist es plausibel, nur periodische Kontrollstrategien (T=const.) zu betrachten. Ein weiteres Argument liefert die Praxis, in der ausschließlich periodische Kontroll- und Inspektionsstrategien verwendet werden.

3.2.2 Das Kostenmodell

Wie bereits in Abschnitt 3.1 erwähnt wurde, hängen die ökonomischen Schlüsselparameter von sog. primären Parametern ab. Diese gehen in ein Kostenmodell ein, mit dessen Hilfe man die Schlüsselparameter und schließlich die Gewinnfunktion in einem konkreten Fall bestimmen kann.

Im folgenden wird ein Kostenmodell beschrieben, das für den Bereich der Statistischen Qualitätskontrolle geeignet ist. Im einzelnen werden folgende *primäre Parameter* benötigt:

$g_1 > 0$: durchschnittlicher Gewinn pro Stück bei Produktion in Zustand I,

$g_2 < g_1$: durchschnittlicher Gewinn pro Stück bei Produktion in Zustand II,

$t_1 \geq 0$: durchschnittliche Dauer einer Inspektion in Zustand I,

$t_2 \geq 0$: durchschnittliche Dauer einer Inspektion in Zustand II,

$t_3 \geq 0$: durchschnittliche Dauer einer Reparatur,

$a_1 > 0$: durchschnittliche Kosten einer Inspektion in Zustand I,

$a_2 \geq 0$: durchschnittliche Kosten einer Inspektion in Zustand II,

$a_3 \geq 0$: durchschnittliche Kosten einer Reparatur,

$c_1 \geq 0$: fixe Kosten pro Zeiteinheit für die Stichprobenprüfungen,

$c_2 \geq 0$: fixe Kosten pro Zeiteinheit für Inspektionen,

$c_3 \geq 0$: fixe Kosten pro Zeiteinheit für Reparaturen,

$c_4 \geq 0$: fixe Produktionskosten pro Zeiteinheit.

Dazu noch einige Bemerkungen:
Unter c_2 und c_3 kann man sich die Kosten vorstellen, die beim Unterhalt einer Prüf- und Reparaturabteilung entstehen und die unabhängig von der Anzahl der Inspektionen und Reparaturen sind. Als Beispiel seien die Lohn- und Mietkosten für diese Abteilungen genannt.
a_1, a_2 und a_3 beschreiben dagegen Kosten, die bei jeder Inspektion bzw. Reparatur anfallen. Als Beispiel nennen wir Material- und Betriebskosten.
Auch bei den Kosten der Stichprobenkontrollen unterscheidet man zwischen Kosten, die unabhängig von der eigentlichen Stichprobenentnahme entstehen (c_1, z.B. die Kosten für den Unterhalt eines Prüflabors) und solchen Kosten, die proportional zum Stichprobenumfang n sind (a^*). Man beachte, daß c_1 die Kosten pro Zeiteinheit darstellt und

somit von der Anzahl der Stichprobenentnahmen unabhängig ist. Bei den sonst in der Literatur üblichen Kostenmodellen wird zumeist eine fixe Kostengröße in Abhängigkeit von der Stichprobenzahl eingeführt. Zu dieser Größe gehören hauptsächlich Miet- und Lohnkosten, die jedoch in Wirklichkeit typische zeitfixe Kosten sind.

Ob die hier eingeführten Kosten- und Zeitgrößen in der Praxis überhaupt zu ermitteln sind, und wenn ja, wie dies geschehen soll, wird ausführlich in Kapitel 5 und 6 erörtert.

Mit Hilfe der primären Parameter lassen sich neben den Stichprobenkosten a^* die zwei weiteren ökonomischen Schlüsselparameter nun wie folgt berechnen:

$$e^* = a_1 + t_1(c_1 + c_2 + c_3 + c_4) \tag{3.2}$$
$$b^* = (g_1 - g_2)\frac{v}{\lambda} - (a_2 + a_3) - (t_2 + t_3)(c_1 + c_2 + c_3 + c_4). \tag{3.3}$$

Die Kosten eines falschen Alarms e^* setzen sich nach (3.2) aus den durchschnittlichen Kosten einer Inspektion (erster Term) und den sogenannten Stillstandskosten (zweiter Term) zusammen. In den Stillstandskosten müssen die zeitanteiligen Fixkosten berücksichtigt werden, da sie laufende Kosten darstellen, die auch bei einer Produktionsunterbrechung anfallen. Der Nutzen einer Reparatur b^* besteht aus der Differenz zwischen dem zusätzlichen Gewinn bei einem fehlerfreien Produktionsapparat (erster Term) einerseits und den Kosten der Inspektion und Reparatur (zweiter Term) und wiederum den Stillstandskosten andererseits.

Im nächsten Abschnitt wird eine Zielfunktion hergeleitet, die den Gewinn maximieren soll.

3.2.3 Die Gewinnfunktion

Als Kriterium für die Beurteilung eines Prüfplanes (T, n, E) soll hier der durchschnittliche Gewinn pro produziertem Stück auf lange Sicht, $\Pi(T, n, E)$, verwendet werden. Im Gegensatz dazu benutzen die meisten anderen Autoren als Optimalitätskriterium den durchschnittlichen Verlust pro Zeiteinheit auf lange Sicht.

Da der Produktionsprozeß nach jeder Reparatur von neuem beginnt, kann der Prozeß in gleichwertige Zyklen aufgeteilt werden. Ein *Erneuerungszyklus* stellt die Zeitspanne dar, die nach Ende einer Reparatur (oder beim Start der Fertigung) beginnt und bis zum Ende der ersten darauffolgenden Reparatur andauert. Da sich der Produktionsprozeß nach jeder Reparatur wieder im Anfangszustand zur Zeit $t=0$ befindet und alles wieder von vorne beginnt, genügt es, sich auf die Betrachtung von einem Erneuerungszyklus zu beschränken.

Zur Definition einer geeigneten Zielfunktion werden folgende Größen eingeführt, die sich alle auf einen Erneuerungszyklus beziehen:

A_I: Anzahl der Stichprobenkontrollen in Zustand I,

A_{II}: Anzahl der Stichprobenkontrollen in Zustand II,

A_F: Anzahl der Inspektionen in Zustand I (falscher Alarm).

Der Erwartungswert der N in einem Erneuerungszyklus produzierten Stücke ergibt sich aus

$$E[N] = E[A_I + A_{II}]Tv. \qquad (3.4)$$

Für den erwarteten Gewinn pro Erneuerungszyklus, G, erhält man

$$E[G] = b^* + E[A_I + A_{II}]Tvg_2 - E[A_F]e^* - E[A_I + A_{II}]a^*n. \qquad (3.5)$$

Die Folge der Erneuerungszyklen bildet einen Erneuerungsprozeß. Daher gilt für den erwarteten Gewinn pro produziertem Stück auf lange Sicht, $\Pi^*(T,n,E)$, mit Wahrscheinlichkeit 1 [3]:

$$\Pi^*(T,n,E) = \frac{E[G]}{E[N]}. \qquad (3.6)$$

Mit (3.4) und (3.5) erhalten wir damit

$$\Pi^*(T,n,E) = \frac{b^* + E[A_I + A_{II}]Tvg_2 - E[A_F]e^* - E[A_I + A_{II}]a^*n}{E[A_I + A_{II}]Tv} \qquad (3.7)$$

$$= \frac{e^*}{Tv}\left(\frac{b^*/e^* - E[A_F]}{E[A_I + A_{II}]} - \frac{a^*}{e^*}n\right) + g_2.$$

Hiermit läßt sich der Begriff der Kostenoptimalität definieren.

Definition 3.1
Ein Prüfplan (T^*, n^*, E^*) heißt kostenoptimal bezüglich $\mathcal{E}$ oder kurz *kostenoptimal*, falls für jeden zulässigen Prüfplan (T, n, E) gilt:

$$\Pi^*(T^*, n^*, E^*) \geq \Pi^*(T, n, E).$$

Für die in (3.7) enthaltenen Erwartungswerte ergibt sich

$$E[A_I] = \frac{1}{e^{\lambda T} - 1}, \qquad (3.8)$$

$$E[A_{II}] = \frac{1}{1 - \beta}, \qquad (3.9)$$

$$E[A_F] = \frac{\alpha}{e^{\lambda T} - 1}, \qquad (3.10)$$

wobei
___
[3] Vgl. Ross (1970), S. 52.

α = Wahrscheinlichkeit für eine Inspektion des Produktionsapparates, obwohl Zustand I vorliegt (falscher Alarm).

β = Wahrscheinlichkeit, daß der Produktionsapparat nicht durchgesehen wird, obwohl Zustand II vorliegt (unterlassener Alarm).

Für eine genaue Herleitung der Erwartungswerte sei auf v. Collani (1981) und Uhlmann (1982) verwiesen.

Setzt man (3.8), (3.9) und (3.10) in (3.7) ein, so erhält man

$$\Pi^*(T, n, E) = \frac{e^*}{v} \frac{1}{T} \left(\frac{b(e^{\lambda T} - 1) - \alpha}{e^{\lambda T} - \beta} (1 - \beta) - an \right) + g_2, \qquad (3.11)$$

wobei

$$b = \frac{b^*}{e^*} \quad \text{und} \qquad (3.12)$$

$$a = \frac{a^*}{e^*} \qquad (3.13)$$

der relative Nutzen pro Erneuerung bzw. die relativen Stichprobenkosten genannt werden.

Setzt man $x = \lambda T$, so erhält man nach einigen Umformungen die *standardisierte Gewinnfunktion*:

$$\Pi(x, n, E) = \frac{1}{x} \left[\frac{b(e^x - 1) - \alpha}{e^x - \beta} (1 - \beta) - an \right]. \qquad (3.14)$$

Ein Prüfplan (T^*, n^*, E^*) ist dann kostenoptimal, wenn (x^*, n^*, E^*) die obige Zielfunktion (3.14) maximiert. Die exakte Lösung wird mit Hilfe eines Computers durch ein direktes Suchverfahren und eine modifizierte Version des Newton-Raphson-Verfahrens bestimmt. Die Berechnung von approximativ kostenoptimalen Prüfplänen wird durch Anwendung einfacher Algorithmen ermöglicht.

Die standardisierte Gewinnfunktion hängt explizit nur von den ökonomischen und technischen Schlüsselparametern ab. Damit konnte die Zielfunktion im Vergleich zu anderen kostenoptimalen Verfahren stark vereinfacht werden. Die Kostenfunktionen der meisten anderen Modelle weisen in der Regel mehr als zehn Parameter auf.

Um die Gewinnfunktion für die verschiedenen Qualitätsregelkarten anzupassen, muß man lediglich die für jede Kontrollkarte spezifischen Größen für α und β einfügen.

3.2.4 Anwendung des Modells

3.2.4.1 Laufende Kontrolle eines qualitativen Merkmals (np-Karte)

Die Qualität eines produzierten Stückes wird durch die Einteilung in gut/schlecht oder brauchbar/unbrauchbar bestimmt. Dazu wird eine Zufallsvariable X definiert mit

$$X = \begin{cases} 0, \text{ falls das Stück gut/brauchbar ist.} \\ 1, \text{ falls das Stück schlecht/unbrauchbar ist.} \end{cases}$$

Mit X_i (i=1,2,3,...) soll die Ausprägung von X beim i-ten produzierten Stück bezeichnet werden.

Bei Produktionsbeginn befindet sich der Produktionsprozeß mit einem mittleren Ausschußanteil von $p_I \in [0,1)$ unter statistischer Kontrolle, d.h., die Zufallsvariablen X_i sind statistisch unabhängig und nach der Binomialverteilung $Bi(1;p_I)$ verteilt. Ein Fehler, der während der Produktion auftritt, hat als einzige Auswirkung auf den Prozeß (*single assignable cause*) eine Vergrößerung des Ausschußanteils von p_I auf $p_{II} \in (p_I,1]$ zur Folge.

Die in Abschnitt 3.1 eingeführten Zustände können in diesem Fall folgendermaßen beschrieben werden:

Zustand I: $X \sim Bi(1;p_I)$ mit $0 \leq p_I < 1$.

Zustand II: $X \sim Bi(1;p_{II})$ mit $p_I < p_{II} \leq 1$.

Bei Anwendung der np-Karte sieht das Kontrollverfahren bei Wahl der Strategie **SIR** wie folgt aus:

Nach je T Produktionseinheiten werden n Stücke nacheinander aus der laufenden Produktion entnommen. Befinden sich darunter mehr als c schlechte Stücke (mit $c \in \mathbb{N}_0$ und $0 \leq c < n$), so wird der Produktionsapparat angehalten, inspiziert und ggf. repariert; andernfalls wird ohne Inspektion weiterproduziert. Ein zulässiger Prüfplan wird hier mit (T, n, c) bezeichnet (mit T = Kontrollabstand, n = Stichprobenumfang, c = Annahmezahl).

Der durchschnittliche Gewinn pro Stück bei Produktion in Zustand I und II läßt sich im übrigen folgendermaßen berechnen:

$$g_1 = (1 - p_I)G_+ + p_I G_- = G_+ - (G_+ - G_-)p_I \qquad (3.15)$$

$$g_2 = (1 - p_{II})G_+ + p_{II}G_- = G_+ - (G_+ - G_-)p_{II} < g_1, \qquad (3.16)$$

wobei G_+ den Gewinn für ein gutes produziertes Stück und G_- den Gewinn für ein schlechtes Stück mit $G_- < G_+$ bedeuten.

Die Wahrscheinlichkeiten für den Fehler erster und zweiter Art ergeben sich zu

$$\alpha = W_{p_I}(m > c) = \sum_{m=c+1}^{n} \binom{n}{m} p_I^m (1-p_I)^{n-m} \qquad (3.17)$$
$$= 1 - Bi(c|p_I; n)$$

bzw.

$$\beta = W_{p_{II}}(m \leq c) = \sum_{m=0}^{c} \binom{n}{m} p_{II}^m (1-p_{II})^{n-m} \qquad (3.18)$$
$$= Bi(c|p_{II}; n).$$

Bei Wahl der Strategie **IR**, d.h. bei Routineinspektionen, setzt man n=0 und c=0 und erhält $\alpha = 1$ bzw. $\beta = 0$.

Zur Berechnung von einem approximativ kostenoptimalen Prüfplan (T^*, n^*, c^*) bei Anwendung der np-Karte hat v. Collani (1986b) einen Algorithmus entwickelt, der nachfolgend kurz beschrieben wird.

Algorithmus zur Bestimmung eines approximativ kostenoptimalen Prüfplanes bei Anwendung der np-Karte nach v. Collani (1985,1986a,1986b)

Schritt 1: Berechne $a_0 = a/p_I$ und $d = p_{II}/p_I$.

Schritt 2: Es gilt $c^* = k$, wenn das Wertepaar (a_0, d) in einen der im Anhang I und II dargestellten sog. k-Streifen fällt.
Der optimale Stichprobenumfang n^* ist gleich der nächsten positiven ganzen Zahl zu y^*/p_I, wobei mit y^* der standardisierte Stichprobenumfang bezeichnet wird.

Schritt 3: Berechne $B = 1/(1-\beta)$ und

$$C = \frac{b(1-\beta) - an}{b(1-\beta) + a}.$$

Schritt 4: Entnimm für gegebene B und C aus dem Nomogramm im Anhang III das optimale standardisierte Stichprobenintervall x^*. Der kostenoptimale Kontrollabstand T^* läßt sich dann wie folgt berechnen: $T^* = x^*/\lambda$. Bei Anwendung der Kontrollstrategie **SIR** kann man T^* auch direkt aus folgender Formel entnehmen (v. Collani (1986a)):

$$T_{SIR}^* = \frac{1}{\lambda} \sqrt{\left(\frac{2(1-\beta)^2}{1+\beta}\right)\left(\frac{an^* + a}{b(1-\beta) + a}\right)}. \qquad (3.19)$$

Schritt 5: Bei hohen Werten von a_0 ist ein Vergleich zwischen Π_{SIR} und Π_{IR} notwendig, um den kostenoptimalen Prüfplan zu bestimmen. Dabei bezeichnet Π_{SIR} den standardisierten Gewinn nach (3.14) bei Anwendung der SIR-Kontrollstrategie und Π_{IR} den entsprechenden Gewinn bei Anwendung der IR-Strategie (auch *No-Sampling-Alternative* genannt). Bei der letztgenannten Strategie wird der Produktionsprozeß nach konstanten Zeitabschnitten T unterbrochen, um eine Inspektion und ggf. eine Reparatur vorzunehmen. Auf die Durchführung einer Stichprobenprüfung wird verzichtet. Der approximativ kostenoptimale Inspektionsabstand T_{IR}^* muß durch Iteration aus folgender Gleichung bestimmt werden (vgl. v. Collani (1986a)):

$$(1 + \lambda T^*) \cdot e^{-\lambda T^*} = \frac{b}{b+1}. \tag{3.20}$$

Als guter Startwert eignet sich folgende Größe:

$$\lambda T = \sqrt{\frac{2}{b+1}}. \tag{3.21}$$

Die Gleichung (3.14) zur Bestimmung des standardisierten Gewinns vereinfacht sich bei der IR-Strategie zu

$$\Pi_{IR} = \frac{1}{x}\left[\frac{b(e^x - 1) - 1}{e^x}\right]. \tag{3.22}$$

Je nachdem, welcher der beiden Werte Π_{SIR} und Π_{IR} höher ist, sind die SIR- oder die IR-Strategie und die entsprechenden Prüfpläne $(T_{SIR}^*, n_{SIR}^*, c_{SIR}^*)$ bzw. $(T_{IR}^*, 0, 0)$ kostenoptimal.

Dieser Algorithmus soll durch das nachfolgende Beispiel veranschaulicht werden.

Beispiel 3.1:
In einem Betrieb werden Druckschalter für Elektrogeräte hergestellt. Um den durchschnittlichen Gewinn langfristig zu maximieren, soll ein kostenoptimaler Prüfplan verwendet werden. Bei der Überprüfung der Funktionsfähigkeit der Schalter erfolgt die Einteilung in gut und defekt. Es bietet sich also die Anwendung der np-Karte an.
Aus Erfahrung weiß man, daß bei störungsfreiem Produktionsverlauf (Zustand I) der Ausschußanteil p_I gleich 0,0065 (d.h. 0,65%) ist. Bei Vorliegen eines Fehlers im Produktionsprozeß (Zustand II) steigt der Ausschußanteil auf 0,02 ($p_{II} = 0,02$, d.h. 2%). Die durchschnittliche Dauer der Inspektion des Produktionsapparates beträgt in Zustand I $t_1 = 0,01$ h bei einem Kostenaufwand von $a_1 = 50,-DM$ und in Zustand II $t_2 = 0,02$ h bzw. $a_2 = 25,-DM$. Für eine Reparatur (Neueinstellung der Maschinen) wird durchschnittlich eine Zeit von $t_3 = 1$ h aufgewendet, wobei für die Reparaturkosten $a_3 = 10,-DM$ angesetzt werden.

Für die Stichprobenprüfung eines Schalters errechnet man $a^* = 0,10\ DM$. Die fixen Kosten pro Stunde für Stichprobenkontrollen, Inspektionen, Reparaturen und Produktion ergeben sich aus der internen Kostenrechnung zu $c_1 = 1,-DM$, $c_2 = 2,-DM$, $c_3 = 3,-DM$ bzw. $c_4 = 300,-DM$.

Es werden 1000 Schalter pro Stunde hergestellt (v=1000). Ein funktionsfähiger Schalter bringt einen Gewinn von $G_+ = 1,10\ DM$ ein, ein defekter Schalter hat dagegen einen Verlust von $G_- = -13,72\ DM$ zur Folge. Die Fehler im Produktionsprozeß treten zufällig auf; anhand der Aufzeichnungen wurde ermittelt, daß durchschnittlich alle 100 Betriebsstunden eine Störung eintritt. So ist die Exponentialverteilung mit $\lambda = 0,01$ ein geeignetes Modell zur Darstellung der Verweildauer τ_I in Zustand I.

Damit sind alle für die Ermittlung eines kostenoptimalen Prüfplanes notwendigen Informationen vorgegeben.

Der durchschnittliche Gewinn pro Schalter bei Produktion in Zustand I und II wird nach (3.15) und (3.16) wie folgt berechnet:

$$\begin{aligned} g_1 &= 1,10\ DM - (1,10\ DM + 13,72\ DM) \cdot 0,0065 \\ &= 1,-DM \end{aligned}$$

bzw.

$$\begin{aligned} g_2 &= 1,10\ DM - (1,10\ DM + 13,72\ DM) \cdot 0,02 \\ &= 0,80\ DM. \end{aligned}$$

Zuerst werden nun die ökonomischen Schlüsselparameter berechnet. Die erwarteten Kosten der Inspektion bei Vorliegen des Zustands I ergeben sich aus (3.2) zu

$$\begin{aligned} e^* &= 50 + 0,01 \cdot (1 + 2 + 3 + 300) \\ &= 53,06\ DM. \end{aligned}$$

Für den erwarteten Nutzen einer Reparatur und den entsprechenden relativen Nutzen erhält man nach (3.3) und (3.12)

$$\begin{aligned} b^* &= (1 - 0,8)\frac{1000}{0,01} - (25 + 10) - (0,02 + 1)(1 + 2 + 3 + 300) \\ &= 19\,652,88\ DM \end{aligned}$$

bzw.

$$\begin{aligned} b &= \frac{19\,652,88\ DM}{53,06\ DM} \\ &= 370,39\ DM. \end{aligned}$$

Die relativen Stichprobenkosten berechnen sich nach (3.13) zu

$$a = \frac{0,10\ DM}{53,06\ DM} = 0,0019\ DM.$$

Nun kann man zur Bestimmung des kostenoptimalen Prüfplanes den Algorithmus anwenden.

Schritt 1:
Es ergibt sich

$$a_0 = \frac{a}{p_I}$$
$$= \frac{0,0019}{0,0065} = 0,2899$$

bzw.
$$d = \frac{p_{II}}{p_I}$$
$$= \frac{0,02}{0,0065} = 3,0769.$$

Schritt 2:
Das Wertepaar (a_0, d) fällt in den k-Streifen für k=1 im Anhang I. Daraus folgt $c^*_{SIR} = 1$. Aus dem gleichen Nomogramm ergibt sich $y^* = np_I = 0,7166$ und somit

$$n^*_{SIR} = \frac{y^*_{(1)}}{p_I}$$
$$= 110,2564 \simeq 110.$$

Schritt 3: Entfällt, da Formel (3.19) angewandt wird.

Schritt 4:
Da die Kontrollstrategie **SIR** benutzt wird, wenden wir zur Berechnung des Kontrollabstands die Formel (3.19) an. Dazu müssen zunächst die Wahrscheinlichkeiten der Fehler erster und zweiter Art nach (3.17) und (3.18) berechnet werden:

$$\alpha = 1 - Bi(1|0,0065; 110)$$
$$= 0,1607$$

bzw.
$$\beta = Bi(1|0,02; 110)$$
$$= 0,3516.$$

Damit erhält man für den optimalen Kontrollabstand nach Formel (3.19)

$$T^*_{SIR} = 3,0865 \; h \simeq 3,1 \; h.$$

Der SIR-optimale Prüfplan für die np-Karte lautet schließlich

$$(T^*_{SIR}, n^*_{SIR}, c^*_{SIR}) = (3,1; 110; 1).$$

Das Ergebnis lautet nun anschaulich: Nach jeweils 3,1 Stunden (oder aus praktischen Erwägungen vielleicht besser: 3 Stunden, d.h. nach 3000 produzierten Schaltern) Produktionszeit wird eine Stichprobe von 110 Druckschaltern aus der laufenden Produktion entnommen. Befindet sich darunter mehr als ein defektes Stück, so wird der Produktionsprozeß angehalten und eine Inspektion durchgeführt. Wird ein Prozeßfehler gefunden, so wird der Fehler anschließend beseitigt und die Produktion kann wieder beginnen. Der durchschnittliche Gewinn pro Druckschalter beträgt nach (3.11)

$$\Pi^*_{SIR} = 0,98 \; DM/Stück$$

(d.h. nur 2 Pf weniger als wenn stets störungsfrei produziert würde (vgl. $g_1 = 1, -DM$)) und der entsprechende standardisierte Gewinn nach (3.14)

$$\Pi_{SIR} = 347,08 \; DM/Stück.$$

Schritt 5:
Der Wert von $a_0 = 0,2899$ läßt darauf schließen, daß die SIR-Strategie die kostengünstigere Alternative ist. Der Vollständigkeit halber soll hier dennoch die IR-Kontrollstrategie untersucht werden. Durch Iteration erhält man aus (3.20) den optimalen Inspektionsabstand $T^*_{SIR} = 7,25 \; h$. Daraus ergibt sich nach (3.22) der folgende standardisierte Gewinn:

$$\Pi_{IR} = 344,47 \; DM.$$

Da $\Pi_{SIR} = 347,08 \; DM > \Pi_{IR} = 344,47 \; DM$, ist wie erwartet die SIR-Kontrollstrategie kostenoptimal.

Bemerkung: Dieses Beispiel ist in dem Sinne extrem, weil sich eine Störung nur relativ geringfügig auf den Ausschußanteil auswirkt, der „nur" um den Faktor 0,02/0,0065=3,08 wächst. Diese Tatsache und der kleine Wert von $p_I = 0,0065$ erklären den recht hohen Stichprobenumfang von n=110. Im übrigen bedeutet die Verwendung des optimalen Prüfplanes, daß ca. 35% aller produzierten Schalter kontrolliert werden.

3.2.4.2 Laufende Kontrolle eines quantitativen Merkmals ($\overline{X}$-Karte)

Zur Beurteilung der Güte eines produzierten Stückes wird ein einziges Merkmal X herangezogen. X_i bezeichnet die Ausprägung der Zufallsvariablen X beim i-ten produzierten Stück. Dabei wird vorausgesetzt, daß X_i (für i=1,2,...) unabhängig und mit bekannter Streuung σ normalverteilt ist.

Zu Beginn der Fertigung arbeitet der Produktionsprozeß in einwandfreiem Zustand, d.h., der Erwartungswert von X ist gleich einem vorgeschriebenen Sollwert μ. Ein während der Produktion auftretender Fehler hat als einzige Auswirkung auf den Prozeß eine Verschiebung des Erwartungswertes von X um $\delta\sigma$ zur Folge, wobei $\delta > 0$ ist und die Verschiebung mit Wahrscheinlichkeit w um $-\delta\sigma$ und mit Wahrscheinlichkeit 1-w um $+\delta\sigma$ erfolgt. Der Verschiebungsparameter δ gehört neben λ zu den sog. technischen Schlüsselparametern.

Der Zustand wird durch die Verteilung von X bestimmt:

Zustand I: $X \sim N(\mu, \sigma^2)$. Der gegebene Sollwert $\mu \in \mathbb{R}$ ist gleich dem Mittelwert der Verteilung von X.

Zustand II: $X \sim N(\mu + \delta\sigma, \sigma^2)$ oder $X \sim N(\mu - \delta\sigma, \sigma^2)$. Der Mittelwert der Verteilung von X ist um $\delta\sigma$ bzw. $-\delta\sigma$ vom Sollwert verschoben.

Hier hat der zulässige Prüfplan bei Wahl der Strategie **SIR** folgende Gestalt:
In konstanten Produktionsabständen T wird eine Stichprobe von n hintereinander produzierten Stücken entnommen und jeweils ein bestimmtes Merkmal gemessen. Dann errechnet man den empirischen Mittelwert $\bar{x}$ der Merkmalswerte dieser Stichprobe und zeichnet den Wert von $\bar{x}$ in die $\overline{X}$-Karte. Falls $\bar{x} > \mu + c\sigma/\sqrt{n} = OEG$ (obere Eingriffsgrenze) oder $\bar{x} < \mu - c\sigma/\sqrt{n} = UEG$ (untere Eingriffsgrenze) gilt, so wird der Produktionsapparat angehalten, inspiziert und, falls notwendig, repariert. Falls $UEG \leq \bar{x} \leq OEG$ gilt, so erfolgt keine Inspektion und die Produktion läuft unverändert weiter.
Der zugehörige Prüfplan soll auch hier mit (T, n, c) bezeichnet werden (mit T = Kontrollabstand, n = Stichprobenumfang, c = Kontrollschranke).

Die Wahrscheinlichkeiten für den Fehler erster und zweiter Art erhält man bei Verwendung der $\overline{X}$-Karte wie folgt:

$$\alpha = 2\Phi(-c) \qquad (3.23)$$

bzw.

$$\beta = \Phi(c - \delta\sqrt{n}) - \Phi(-c - \delta\sqrt{n}), \qquad (3.24)$$

wobei Φ die Verteilungsfunktion der standardisierten Normalverteilung bezeichnet.
Bei Wahl der Strategie **IR** (n=0 und c=0) erhält man wiederum $\alpha = 1$ und $\beta = 0$.

v. Collani (1978, 1981) hat für den Fall der Anwendung der $\overline{X}$-Karte die Eindeutigkeit des kostenoptimalen Prüfplanes (T^*, n^*, c^*) gezeigt. Zur Ermittlung der optimalen Lösung findet man dort umfangreiches Tabellenmaterial. In Abhängigkeit von den drei Parametern a, b und δ werden die gesuchten Prüfpläne angegeben. Roller (1986) hat ein Pascal-Programm entwickelt, das in kurzer Zeit die exakten Prüfpläne und den standardisierten Gewinn berechnet.

Mit Hilfe eines einfachen Algorithmus kann man auch hier approximativ kostenoptimale Prüfpläne bestimmen. Den Algorithmus findet man bei v. Collani (1987c). Er soll nachfolgend kurz beschrieben werden.

Algorithmus zur Bestimmung eines approximativ kostenoptimalen Prüfplanes bei Anwendung der $\overline{X}$-Karte nach v. Collani (1987c und d)

Schritt 1: Berechne $a_0 = a/\delta^2$. Falls $a_0 \leq 0,1$, dann gehe zu Schritt 2. Falls $a_0 > 0,1$, dann gehe zu Schritt 4.

Schritt 2: Entnimm für gegebenes a_0 dem Nomogramm im Anhang IV die Zahlen y^* und z^*. Der optimale Stichprobenumfang n^* ist dann gleich der nächsten ganzen Zahl zu $(y^*/\delta)^2$. Für die optimale Kontrollschranke c^* gilt die Beziehung: $c^* = z^*$.

Schritt 3: Entnimm für gegebene Werte von B und C (vgl. den Algorithmus für die np-Karte) dem Nomogramm im Anhang III den optimalen Wert zu x^*. Dann erhält man den kostenoptimalen Kontrollabstand T^* wie folgt: $T^* = x^*/\lambda$. Bei Anwendung der Strategie **SIR** kann auch hier wieder Formel (3.19) zur Bestimmung des kostenoptimalen Kontrollabstandes benutzt werden.

Schritt 4: a) Bei $a_0 > 0,1$ erweist sich die Kontrollstrategie **IR** (Routineinspektion oder auch No-Sampling-Alternative) als optimal. Es gilt also: $n^* = c^* = 0$.

b) Entnimm für gegebenes b dem Nomogramm 3 bei v. Collani (1987d) den Wert für den standardisierten Kontrollabstand x^*. Dann gilt: $T^* = x^*/\lambda$. Man kann jedoch auch wie in Schritt 5 im Algorithmus zur np-Karte vorgehen.

Abschließend wird die Anwendung der kostenoptimalen $\overline{X}$-Karte anhand eines Beispiels gezeigt.

Beispiel 3.2 [4]:
Ein Hersteller von Glasflaschen für kohlensäurehaltige Getränke will durch Einführung von kostenoptimalen $\overline{X}$-Karten den Gewinn maximieren. Die Dicke des Glases ist ein wichtiges Qualitätsmerkmal. Bei zu geringer Dicke besteht die Gefahr, daß beim Einfüllen des kohlensäurehaltigen Getränks die Flasche, bedingt durch den entstehenden inneren Druck, platzt, während andererseits zu dickes Glas zu teuer ist. Mit der Dicke des Glases als Gütekriterium bietet sich somit die Anwendung der $\overline{X}$-Karte in der Prozeßkontrolle an.

Beim Produktionsprozeß können verschiedene Fehler auftreten. Im Durchschnitt kann man jedoch davon ausgehen, daß es einen zufriedenstellenden Zustand I und einen nicht zufriedenstellenden Zustand II gibt. In Zustand I arbeitet der Fertigungsprozeß einwandfrei, d.h., der Erwartungswert von X (die Glasdicke der Flaschen) ist gleich einem vorgeschriebenen Sollwert μ. Die Entwicklungsabteilung legt den Sollwert mit $\mu = 2\,mm$ fest, für die Standardabweichung wird aus Vergangenheitswerten ein Wert von $\hat{\sigma} = 0,5\,mm$ geschätzt. In Zustand II verschiebt sich der Erwartungswert von X um 2σ nach unten (also gilt $\delta = 2$), d.h., der Erwartungswert sinkt auf $\mu' = 2\,mm - 2 \cdot 0,5\,mm = 1\,mm$.

Die Verschiebung des Sollwerts geschieht durchschnittlich alle 20 Stunden Produktionszeit, so daß die Exponentialverteilung mit dem Parameter $\lambda = 0,05$ sich als Modell für die Beschreibung der Verweildauer τ_I in Zustand I eignet.

Es werden 1000 Flaschen pro Stunde produziert (v=1000). Der durchschnittliche Gewinn pro Flasche bei Produktion in Zustand I und II wird mit $g_1 = 0,50\,DM$ bzw. $g_2 = 0,40\,DM$ geschätzt. In der Differenz $g_1 - g_2 = 0,10\,DM$ pro Flasche kommen u.a. die Folgekosten eines unterlassenen Alarms zum Ausdruck. Platzen beim Abfüllen zu viele Flaschen, so muß der Flaschenhersteller für den dadurch entstandenen Schaden (z.B. Kosten der Säuberung) und für Ersatzflaschen aufkommen.

Unter Zugrundelegung der Gehälter der Mitarbeiter der Qualitätssicherung und der Anschaffungskosten der Prüfgeräte werden die fixen Kosten pro Stunde für die Stichprobenkontrollen mit $c_1 = 1,-DM$ geschätzt. Für den variablen Teil der Stichprobenkosten wird $a^* = 0,10\,DM$ angesetzt.

Für die Inspektion des Produktionsprozesses wird sowohl beim Vorliegen des Zustands I wie auch II eine Zeit von $t_1 = t_2 = 0,01\,h$, für die Reparatur des Produktionsapparates dagegen eine Zeit von $t_3 = 1\,h$ benötigt. Die variablen Kosten der Inspektion betragen $a_1 = 50,-DM$ bzw. $a_2 = 25,-DM$. Die fixen Kosten für Inspektion, Reparatur und Produktion ergeben sich aus der betriebsinternen Kostenrechnung zu $c_2 = 2,-DM$, $c_3 = 3,-DM$ und $c_4 = 300,-DM$. Es handelt sich hier um typische Zeitkosten wie z.B. Lohnkosten und Kosten für den Unterhalt der entsprechenden Anlagen.

Damit sind alle für die Erstellung des kostenoptimalen Prüfplanes erforderlichen Daten bekannt.

Wir beginnen wiederum mit der Berechnung der ökonomischen Schlüsselparameter. Im

---

[4]Das Beispiel wurde aus Montgomery (1985) übernommen und etwas abgeändert.

einzelnen ergibt sich aus (3.2), (3.3), (3.12) und (3.13)

$$e^* = 50 + 0,01(1 + 2 + 3 + 300) = 53,06 \ DM,$$

$$b^* = (0,5 - 0,4)\frac{1000}{0,05} - (25 + 10) - (0,01 + 1)(1 + 2 + 3 + 300)$$
$$= 1655,94 \ DM,$$

$$b = 1655,94/53,06 = 31,21 \ DM,$$

$$a = 0,1/53,06 = 0,0019 \ DM.$$

Nun wenden wir den beschriebenen Algorithmus an.

Schritt 1:
$a_0 = a/\delta^2 = 0,00047$.

Schritt 2:
Aus dem Nomogramm im Anhang IV lesen wir die Werte $y^* = \delta\sqrt{n} = 4,42$ und $z^* = c^* = 3,25$ ab.
Da $(y^*/\delta)^2 = 4,88$ ist, folgt für den optimalen Stichprobenumfang: $n^* = 5$.

Schritt 3:
Zur Bestimmung des kostenoptimalen Kontrollabstands wenden wir wieder Formel (3.19) an. Wir berechnen dazu zuerst die Wahrscheinlichkeiten der Fehler erster und zweiter Art nach (3.23) und (3.24):

$$\alpha = 2\Phi(-3,25) = 0,00116$$
und
$$\beta = \Phi(3,25 - 2\sqrt{5}) - \Phi(-3,25 - 2\sqrt{5})$$
$$= 0,111232.$$

Damit erhalten wir den Kontrollabstand nach (3.19):

$$T^* = 0,4658 \ h.$$

Der kostenoptimale Prüfplan für die $\overline{X}$-Karte lautet somit

$$(T^*, n^*, c^*) = (0,4658; 5; 3,25).$$

Da $a_0 < 0,1$ ist, entfällt Schritt 4. Die SIR-Kontrollstrategie ist in diesem Fall kostenoptimal.

Anschaulich bedeutet der Prüfplan:
Es werden nach jeweils 0,4658 Stunden (praktikabler: 0,5 Stunden) fünf Flaschen aus der laufenden Produktion entnommen und die Glasdicke gemessen. Das bedeutet, daß ca. 1% der produzierten Flaschen kontrolliert wird. Von den fünf Meßwerten wird das arithmetische Mittel $\bar{x}$ berechnet. Gilt

$$\bar{x} > 2\ mm + 3,25 \cdot 0,5/\sqrt{5} = 2,7267 = OEG$$

oder

$$\bar{x} < 2\ mm - 3,25 \cdot 0,5/\sqrt{5} = 1,2733 = UEG,$$

so wird der Prozeß angehalten, inspiziert und gegebenenfalls repariert. Befindet sich $\bar{x}$ innerhalb der Eingriffsgrenzen, so erfolgt kein Eingriff.

Für den durchschnittlichen Gewinn pro Flasche erhält man nach (3.11) $\Pi^* = 0,48\ DM/Stück$ und der entsprechende standardisierte Gewinn beträgt nach (3.14) $\Pi = 30,30\ DM/Stück$.

Der mit Hilfe des Computerprogramms von Roller (1986) berechnete exakte kostenoptimale Prüfplan lautet $(x^*, n^*, c^*) = (0,0237; 5; 3,24)$ mit $\Pi = 30,30\ DM/Stück$ bzw. $(T^*, n^*, c^*) = (0,474; 5; 3,24)$ mit $\Pi^* = 0,48\ DM/Stück$. Wie man erkennt, sind die Unterschiede zur approximativen Lösung vernachlässigbar klein.

3.3 Sensitivitätsanalyse

Hier sollen die Ergebnisse der Sensitivitätsanalyse von v. Collani/Roller (1988) kurz zusammengefaßt werden. Sie untersuchen die Auswirkungen von Schätzfehlern der Inputparameter auf den Prüfplan und die Gewinnfunktion. Dabei beschränken sie sich auf das $\overline{X}$-Karten-Modell, das in Abschnitt 3.2.4.2 dargestellt wird. Die Ergebnisse lassen sich jedoch auch auf die anderen Qualitätsregelkarten übertragen.

Es werden die Folgen von Veränderungen in den ökonomischen (a^*, b^*, e^*) und den technischen Schlüsselparametern (δ und λ) betrachtet. Nachfolgend werden die Ergebnisse der Sensitivitätsanalyse für die verschiedenen Inputparameter wiedergegeben.

Variable Stichprobenkostenparameter a^*

Eine Erhöhung von a^* führt zu einem größeren Wert des standardisierten Kontrollabstandes x^* und zu einer Abnahme sowohl des Stichprobenumfangs n^* wie auch der Eingriffsgrenze c^*:

$$a^* \uparrow \quad \rightarrow \quad x^* \uparrow, \; n^* \downarrow, \; c^* \downarrow.$$

Der durchschnittliche standardisierte Gewinn auf lange Sicht nimmt erst deutlich (d.h. um über 1%) ab, wenn a^* um einen Irrtumsfaktor von $2 < irf < 0,5$ falsch geschätzt wurde. Das bedeutet, daß ein Gewinnrückgang von über 1% erst dann zu erwarten ist, wenn der verwendete Schätzwert $\hat{a}^*$ mehr als doppelt oder weniger als halb so groß wie der tatsächliche Wert von a^* ist.

Nutzen einer Reparatur b^*

Eine Erhöhung von b^* hat einen starken Einfluß auf den optimalen Kontrollabstand x^*, dessen Betrag abnimmt. Die beiden anderen Entscheidungsparameter n^* und c^* bleiben hingegen fast unverändert. Dieses Ergebnis ist eine nachträgliche Rechtfertigung für die bei den approximativen Algorithmen vorgenommenen Vereinfachungen.

$$b^* \uparrow \quad \rightarrow \quad x^* \downdownarrows, \; n^*, \; c^*.$$

Der Gewinn pro Stück wird erst durch Schätzfehler von b^* bei Irrtumsfaktoren von $2 < irf < 0,5$ nachhaltig beeinflußt. Erst dann ist mit einer Abnahme des Gewinns von über 1% zu rechnen. Der Gewinnrückgang ist fast symmetrisch bezüglich einer Über- oder Unterschätzung von b^*.

Kosten eines falschen Alarms e^*

Eine Erhöhung von e^* führt zu einer Zunahme des Wertes von c^*, während x^* und n^* fast unverändert bleiben:

$$e^* \uparrow \quad \rightarrow \quad x^*, \; n^*, \; c^* \uparrow.$$

Der geringe Einfluß auf den Kontrollabstand und den Stichprobenumfang ist darauf zurückzuführen, daß die Veränderungen von e^* über die relativen Größen a und b teilweise ausgeglichen werden.
Auch hier wirken sich erst Schätzfehler mit einem Irrtumsfaktor von $2 < irf < 0,5$ auf den Gewinn nachhaltig aus. Eine Überschätzung von e^* führt im allgemeinen zu einem geringeren Gewinnrückgang als eine Unterschätzung.

Verschiebungsparameter δ

Veränderungen von δ wirken sich bei weitem am stärksten auf den kostenoptimalen Prüfplan (x^*, n^*, c^*) aus. Bei steigendem Verschiebungsparameter fällt der Wert von n^* stark ab, während x^* fast linear im Verhältnis $1/\delta$ abnimmt. Die optimale Kontrollschranke c^* steigt dabei in einem geringeren Maße:

$$\delta \uparrow \quad \rightarrow \quad x^* \Downarrow, \; n^* \Downarrow, \; c^* \uparrow .$$

Ebenso stark sind die Auswirkungen von Schätzfehlern in δ auf den durchschnittlichen Gewinn pro Stück. Hier muß man bei Fehlern mit einem Irrtumsfaktor von $2 < irf < 0,5$ bereits mit einem Gewinnrückgang von 10% rechnen. Größere Schätzfehler können zu noch weitaus stärkeren Gewinneinbußen führen. Überschätzungen von δ führen im allgemeinen zu einem größeren Gewinnrückgang als Unterschätzungen.

Verweildauer im Zustand I, $1/\lambda$

Der Erwartungswert der Exponentialverteilung, $1/\lambda$, beeinflußt den standardisierten kostenoptimalen Prüfplan (x^*, n^*, c^*) nicht, da λ in der standardisierten Gewinnfunktion nicht explizit enthalten ist.
Fehlschätzungen beim Parameter λ führen zu größeren Gewinnrückgängen als solche in a^*, b^* und e^*, aber zu geringeren Einbußen als bei δ. Schätzfehler mit einem Irrtumsfaktor von $2 < irf < 0,5$ lassen den durchschnittlichen Gewinn pro Stück auf lange Sicht um bis zu 5% sinken; bei größeren Schätzfehlern kann dieser Prozentsatz bis zu 15% betragen. Die Gewinnrückgänge sind fast symmetrisch bezüglich einer Über- oder Unterschätzung von λ.

Zusammenfassung

Das kostenoptimale Prüfmodell von v. Collani zeichnet sich durch eine große Robustheit gegenüber Veränderungen und Schätzfehlern der ökonomischen Schlüsselparameter a^*, b^* und e^* aus. Selbst große Schätzfehler mit Irrtumsfaktoren von $irf > 2$ oder $irf < 0,5$

führen nur sehr selten zu einem Gewinnrückgang von über 1%.
Das bedeutet: Bei den Ermittlungen der vielen Kostengrößen [5] muß man keine hohen Anforderungen an die Genauigkeit der Daten stellen. Oft reicht eine größenordnungsmäßige Bestimmung der Kostengrößen aus.
Ungünstige Fehlerkombinationen bei der Schätzung der relativen Stichprobenkosten a und des relativen Nutzens pro Erneuerung b sollten vermieden werden, da sie durch additive Wirkungen zu höheren Gewinneinbußen führen können. So sollte man z.B. eine gleichzeitige Überschätzung von a und Unterschätzung von b vermeiden, da sie sich in ihren Wirkungen zu einer Fehlschätzung des Kontrollabstands x^* addieren. Bei einer gleichzeitigen Unterschätzung von a und b gleichen sich die negativen Wirkungen dagegen teilweise aus.
Strengere Maßstäbe muß man jedoch an die Genauigkeitsanforderungen für die Schätzung der technischen Schlüsselparameter δ und λ setzen. Besonders Schätzfehler beim Verschiebungsparameter δ können zu einem stark veränderten Prüfplan und zu hohen Gewinneinbußen führen.

3.4 Zuverlässigkeitstheorie

In diesem Abschnitt wird die Zielfunktion für ein typisches Beispiel aus der Zuverlässigkeitstheorie hergeleitet, um die Allgemeingültigkeit des Modells zu illustrieren. Dazu muß zuvor wieder ein geeignetes Kostenmodell aufgestellt werden.

Wir betrachten ein System, das zu einem gegebenen Zeitpunkt entweder funktioniert oder ausgefallen ist und dessen tatsächlicher Zustand jederzeit bekannt ist. Stichprobenkontrollen und Inspektionen sind somit nicht notwendig. Hinzu kommt als vierte mögliche Maßnahme die präventive Erneuerung. Eine Erneuerung wird entweder zum Zeitpunkt des Ausfalls oder T Stunden nach der letzten Erneuerung vorgenommen, je nachdem, welcher der beiden Fälle zuerst eintritt. Man spricht in diesem Zusammenhang von dem sog. *Age-Replacement-Verfahren*. Es ist ein typisches Beispiel für die Strategie **R**, bei der lediglich eine Erneuerung durchgeführt wird, die allerdings in zwei Varianten auftritt.

In diesem Beispiel kann der Prozeß nur in Zustand I produzieren, da jeder Ausfall (Störung) sofort erkannt und behoben wird. Präventive Erneuerungen sind nur dann sinnvoll, wenn der Prozeß altert, d.h. anfälliger gegenüber Störungen wird.
Der Prüfplan wird durch den einzigen Parameter T, hier als Erneuerungsabstand bezeichnet, beschrieben. Da keine Stichprobenkontrollen und Inspektionen vorgenommen werden, gilt $E[A_I + A_{II}] = 0$ und $E[A_F] = 0$, wobei A_I, A_{II} und A_F wie in Abschnitt 3.2.3 definiert werden.

---
[5] Vgl. dazu Kapitel 5 und 6.

Bei der Strategie **R** muß als einziger ökonomischer Schlüsselparameter der Gewinn einer Erneuerung b^* bestimmt werden. Das zugrundeliegende Kostenmodell kann beispielsweise durch folgende primäre Parameter beschrieben werden:

- $g > 0$: Gewinn pro Betriebszeiteinheit,
- $a_3 > 0$: Kosten der Erneuerung nach einem Systemausfall,
- $a'_3 > 0$: Kosten einer vorbeugenden Erneuerung,
- $t_3 \geq 0$: benötigte Zeit für eine Erneuerung nach Ausfall (auch Havarieerneuerung genannt),
- $t'_3 \geq 0$: benötigte Zeit für eine vorbeugende Erneuerung,
- $c_3 \geq 0$: fixe Kosten pro Zeiteinheit für eine Erneuerung,
- $c_4 \geq 0$: fixe Produktionskosten pro Zeiteinheit.

Die durchschnittliche Betriebszeit zwischen zwei Erneuerungen beträgt bei Anwendung des Age-Replacement-Verfahrens

$$\int_0^T [1 - F(t)]dt, \qquad (3.25)$$

wobei F(t) die Verteilungsfunktion der Ausfallzeit ist.

Damit läßt sich der Gewinn pro Erneuerung wie folgt beschreiben:

$$b^*(T) = g\int_0^T [1 - F(t)]dt - [a_3 + t_3(c_3 + c_4)]F(T) - [a'_3 + t'_3(c_3 + c_4)][1 - F(T)]. \quad (3.26)$$

Als Zielfunktion wird hier der erwartete Gewinn pro Betriebszeiteinheit auf lange Sicht hergeleitet. Diese Gewinnfunktion erhält man als den Quotienten von (3.26) zu (3.25). Es gilt also

$$\Pi(T) = \frac{b^*(T)}{\int_0^T [1 - F(t)]dt}. \qquad (3.27)$$

Zur Bestimmung eines kostenoptimalen Prüfplanes (T^*) muß die Gewinnfunktion maximiert werden.

Im allgemeinen läßt sich für das Maximierungsproblem die Lösung nicht explizit angeben; insbesondere auch nicht für den praktisch bedeutsamen Fall weibullverteilter Lebensdauerzeiten. In diesem Fall muß man den kostenoptimalen Prüfplan aus Nomogrammen oder Tabellen ablesen [6]. Das nachfolgende Beispiel soll das kostenoptimale Age-Replacement-Verfahren veranschaulichen.

---

[6]Vgl. Beichelt/Franken (1984), S. 104 ff., Tadikamalla (1980) und Glasser (1967).

Beispiel 3.3:
In einem Industriebetrieb soll zur Wartung von bestimmten Stromgeneratoren eine kostenoptimale altersabhängige Ersatzstrategie angewandt werden. Bei einer Erneuerung wird der alte Generator durch einen neuen ersetzt.
Das Ausfallverhalten der Stromgeneratoren kann durch die Weibull-Verteilung mit dem Maßstabsparameter $\alpha = 13$ [$Jahre$] und dem Formparameter $\beta = 2$ beschrieben werden. Die Verteilungsfunktion der Ausfallzeit lautet also

$$F(t) = 1 - exp[(\frac{t}{\alpha})^\beta]$$
$$= 1 - exp[(\frac{t}{13})^2].$$

Da $\beta > 1$ ist, steigt die Ausfallrate mit zunehmendem Alter. Dies ist eine typische Abnutzungserscheinung. Die Wahl des Ersatzzeitpunktes der alten Stromgeneratoren kann dazu beitragen, hohe Reparaturkosten einzusparen. Für den Erwartungswert erhält man

$$E(t) = \alpha \Gamma(1 + \frac{1}{\beta})$$
$$= 11,5 \; [Jahre].$$

Das bedeutet, daß ein Stromgenerator nach durchschnittlich 11,5 Jahren ausfällt und durch einen neuen ersetzt werden muß.
Eine präventive Erneuerung verursacht wesentlich weniger Kosten als eine Havarieerneuerung, da durch den Ausfall eines Generators auch andere Aggregate beschädigt werden. Eine Kostenanalyse ergibt folgende Werte für die Kostenparameter:
$a_3 = 20.000,-DM$,
$a'_3 = 6.000,-DM$,
$c_3 = 50,-DM/h$ und
$c_4 = 450,-DM/h$.

Die Erneuerungszeiten, die in einer Zeitstudie ermittelt wurden, betragen bei einer Havarieerneuerung $t_3 = 40\;h$ und bei einer vorbeugenden Erneuerung $t'_3 = 8\;h$. Der Gewinn pro Betriebszeiteinheit ist gleich $g = 10.000,-DM/h$. Damit erhält man

$$A = a_3 + t_3(c_3 + c_4) = 40.000,-DM$$

und

$$B = a'_3 + t'_3(c_3 + c_4) = 10.000,-DM.$$

Das Verhältnis der vorbeugenden Erneuerungskosten zu den havariebedingten Erneuerungskosten beträgt B/A = 0,25. Mit diesem Wert und den Parameterwerten der Weibullverteilung (α und β) läßt sich der kostenoptimale Prüfplan (T^*) direkt aus der Tabelle 5.1 bei Beichelt/Franken (1984) ablesen:

$$T^* = 0,594 \cdot \alpha = 7,722 \; [Jahre].$$

Die kostenoptimale altersabhängige Erneuerungsstrategie lautet somit: Ein Stromgenerator wird entweder zum Zeitpunkt des Ausfalles oder ungefähr 8 Jahre nach der letzten Erneuerung durch einen neuen Generator ersetzt, je nachdem welcher Fall zuerst eintritt.

Der langfristige erwartete Gewinn pro Betriebszeiteinheit beträgt schließlich nach Gleichung (3.27):
$$\Pi(T^*) = 12.460,43 \ DM.$$

Kapitel 4

Effizienz des kostenoptimalen Prüfverfahrens

Das kostenoptimale Prüfverfahren führt in jedem Fall zu dem bezüglich des angenommenen Kosten- und Prozeßmodells kostengünstigsten Prüfplan für die Prozeßkontrolle. Im Vergleich zu den nicht-kostenoptimalen, sog. *herkömmlichen* Prüfmethoden, die üblicherweise in der Qualitätssicherung zur Anwendung gelangen, können die neuen Verfahren zu teilweise beachtlichen Kostenvorteilen führen. Dieser wirtschaftliche Vorteil kann in Abhängigkeit der durch die Kostenstruktur und die Produktionsbedingungen bedingten Parameter unterschiedlich hoch sein.

In diesem Kapitel soll nun der relative Vorteil der kostenoptimalen Methode im Vergleich zu einem herkömmlichen Verfahren beim Vorliegen verschiedener Parameterwerte untersucht werden. Als Vergleichskriterium wird der Begriff der sog. *Effizienz* eingeführt. Die Einführung kostenoptimaler Prüfverfahren in die Praxis läßt sich nur dann rechtfertigen, wenn sie mit einer gewissen Kostenersparnis einhergeht. Daher soll hier aufgezeigt werden, bei welchen Parameterkonstellationen die neuen Methoden besonders vorteilhaft sind.

Zuerst werden allgemeine Angaben zum Vorgehen bei der Effizienzanalyse gemacht. Danach erfolgt eine genaue Analyse der Effizienz anhand von sog. *Effizienzkurven* in Abhängigkeit der vier Inputparameter.

4.1 Allgemeine Angaben zur Effizienzanalyse

Wir beschränken uns auf den Vergleich zwischen der kostenoptimalen $\overline{X}$-Karte von v. Collani und der herkömmlichen $\overline{X}$-Karte. Die Ergebnisse der Effizienzanalyse lassen sich jedoch auch auf die anderen Qualitätsregelkarten übertragen. Als herkömmlicher Prüfplan wird $(T, n, c) = (1, 5, 3)$ gewählt [1]. Er wurde vor fast 50 Jahren von Shewhart (1939) erstmals propagiert und ist noch heute die in der Praxis am häufigsten benutzte

---

[1] Bereits Duncan (1956) benutzte diese Art des Vergleichs, um die Vorteile seines kostenoptimalen $\overline{X}$-Karten-Modells zu unterstreichen. Er beschränkte sich jedoch auf nur wenige Parameterkombinationen.

Regel für die $\overline{X}$-Karte. Danach wird jede Stunde eine Stichprobe von fünf Stücken aus der laufenden Produktion entnommen und das arithmetische Mittel der Merkmalswerte auf die $\overline{X}$-Karte mit der Kontrollschranke c=3 gezeichnet. Dieser Prüfplan hat sich wegen seiner einfachen Handhabung bewährt. Er berücksichtigt jedoch in keiner Weise die individuellen Besonderheiten eines Produktionsprozesses und die Kostenaspekte.

Als Vergleichskriterium soll die *Effizienz E* dienen, die wie folgt definiert wird:

$$E = \frac{\Pi_{opt} - \Pi_{herk}}{\Pi_{opt}} = 1 - \frac{\Pi_{herk}}{\Pi_{opt}}, \qquad (4.1)$$

wobei Π_{herk} den standardisierten Gewinn pro Stück bei Anwendung des herkömmlichen Prüfplanes (T=1,n=5,c=3) und Π_{opt} den entsprechenden Gewinn bei Anwendung des kostenoptimalen Prüfverfahrens jeweils nach Formel (3.14) bezeichnen.

Die Effizienz gibt die relative Kostenersparnis (standardisierte Gewinndifferenz) an, die erzielt wird, wenn man anstelle des herkömmlichen Prüfplanes das kostenoptimale Verfahren anwendet. Wegen $\Pi_{opt} \geq \Pi_{herk}$ gilt offensichtlich $E \geq 0$ mit folgender Interpretation: Bei E=0 sind die herkömmliche Kontroll- und Erneuerungsstrategie und der kostenoptimale Prüfplan gleichermaßen kostenoptimal, bei $E > 0$ läßt sich bei Anwendung des kostenoptimalen Verfahrens ein vergleichsweise höherer Gewinn realisieren. Die Effizienz ist um so größer, je günstiger die kostenoptimale Methode im Vergleich zum herkömmlichen Verfahren ist. Ein Wert von E=0,2 besagt z.B., daß der standardisierte Gewinn nach (3.14) bei der herkömmlichen Methode um 20% unter dem entsprechenden Gewinn bei Durchführung der kostenoptimalen Strategie liegt. Bei genauer Betrachtung von Gleichung (4.1) erkennt man, daß auch Werte von $E \geq 1$ möglich sind. Werte von über 1 werden dann angenommen, wenn der herkömmliche Prüfplan zu einem schlechteren Ergebnis führt, als wenn im nicht zufriedenstellenden Zustand II produziert würde (Strategie 0). Ein Wert von E=1,2 bedeutet z.B., daß man beim herkömmlichen Verfahren einen *negativen* standardisierten Gewinn erhält, der 20% des *positiven* standardisierten Gewinns bei Anwendung der kostenoptimalen Prüfmethode beträgt.

Man muß auf die richtige Interpretation des hier vorgestellten Begriffs der Effizienz achten. Die Effizienz zeigt an, um welchen Anteil der *standardisierte* Gewinn nach (3.14) abnimmt, wenn man anstelle des kostenoptimalen Prüfplanes das herkömmliche Verfahren anwendet. Aussagen über die *absolute* Höhe der Gewinne lassen sich daraus nicht direkt ableiten. Hierzu müßte man im Einzelfall die Gewinne Π_{opt}^* und Π_{herk}^* nach Gleichung (3.11) vergleichen. So kann beispielsweise der Fall eintreten, daß die Einführung der kostenoptimalen Prozeßkontrolle in einem Bereich der Fertigung bei einem Effizienzwert von E=0,5 zu einer geringeren jährlichen Gewinnerhöhung führt als die Anwendung eines kostenoptimalen Prüfplanes in einem anderen Bereich mit E=0,2. Hier sollte man zuerst die genauen ökonomischen Auswirkungen der Maßnahmen in den verschiedenen Bereichen untersuchen. Wenn man jedoch ohnehin die genauen Effizienzwerte und damit alle ökonomischen und technischen Parameter kennt, würde man in jedem Bereich das kostenoptimale Prüfverfahren einführen.

Beispiel 4.1:
Es soll die Effizienz der kostenoptimalen Prozeßkontrolle im Beispiel 3.2 untersucht werden. Für den standardisierten Gewinn pro Stück erhält man nach Formel (3.14) bei Anwendung des herkömmlichen Prüfplanes mit T=1 (also ist $x = \lambda = 0,05$)), n=5 und c=3
$$\Pi_{herk}(x = \lambda, 5, 3) = 30,09.$$
Daraus folgt dann für die Effizienz nach (4.1)
$$E = \frac{\Pi_{opt} - \Pi_{herk}}{\Pi_{opt}}$$
$$= \frac{30,30 - 30,09}{30,30} = 0,0069.$$

Das bedeutet, daß der standardisierte Gewinn pro Flasche beim herkömmlichen Prüfplan nur um rund 0,7% unter dem standardisierten Stückgewinn bei der kostenoptimalen $\overline{X}$-Karte liegt. Zur Beurteilung der neuen Gewinnlage berechnen wir die absoluten Stückgewinne aus (3.11) und erhalten
$$\Pi_{opt}^* = 0,4818145 \; DM$$
bzw.
$$\Pi_{herk}^* = 0,4798253 \; DM.$$
Für die absolute Gewinndifferenz ergibt sich somit
$$(\Pi_{opt}^* - \Pi_{herk}^*) = 0,0019892 \; DM.$$

Der langfristige durchschnittliche Gewinn pro Flasche wird nach Einführung des kostenoptimalen Prüfverfahrens also um ungefähr 0,2 Pf steigen. Daraus folgt eine jährliche Gewinnzunahme von 3.819,26 DM.
Der herkömmliche Prüfplan $(T_{herk}, n_{herk}, c_{herk}) = (1, 5, 3)$ unterscheidet sich nur wenig vom berechneten kostenoptimalen Plan $(T^*, n^*, c^*) = (0,4858; 5; 3,25)$. Doch selbst bei einem so niedrigen Effizienzwert wie hier lohnt sich noch die Umstellung vom herkömmlichen Verfahren auf die kostenoptimale Strategie.
Wie noch zu sehen sein wird, nimmt die Effizienz bei den meisten Parameterkombinationen jedoch wesentlich höhere Werte an als in diesem Beispiel. ■

Bei der Analyse der Effizienzwerte muß man beachten, daß in E nicht die zusätzlichen Kosten berücksichtigt werden, die durch Anwendung des kostenoptimalen Verfahrens entstehen. Hierbei handelt es sich in erster Linie um Kosten, die bei der Beschaffung der benötigten Kostendaten anfallen. Diese Kosten kann man wegen der unterschiedlichen Kostenstruktur in den Unternehmen nicht angeben. Dieser Einwand muß bei der Bewertung der Effizienzwerte stets mitberücksichtigt werden. Man sollte daher die

Beträge von E eher etwas niedriger ansetzen als die berechneten Werte.

Die Effizienzanalyse erfolgt anhand von sog. *Effizienzkurven*, die die Effizienz in Abhängigkeit von den vier Inputparametern a (relative Stichprobenkosten), b (relativer Nutzen pro Erneuerung), δ (Verschiebungsparameter) und λ (Parameter der Exponentialverteilung) darstellen. Es wurde diese Darstellungsform gewählt, weil sie wesentlich anschaulicher als umfangreiches Tabellenmaterial ist. Darüber hinaus wird hier nicht so großer Wert auf die exakten Werte der Effizienz gelegt. Viel wichtiger ist es, die Tendenz der Effizienz bei Veränderungen von bestimmten Parametern klar aufzuzeigen. Dieses Ziel läßt sich mit Hilfe von Graphen besser erreichen. Im folgenden werden wir die Effizienzkurven mit $E(i)$ ($i=a,b,\delta,\lambda$) bezeichnen, die durch Variation des entsprechenden Inputparameters gebildet werden.

Bevor wir zur genauen Betrachtung der einzelnen Kurven übergehen, soll zunächst die allgemeine Form einer Effizienzkurve dargestellt werden. Abbildung 4.1 zeigt den typischen Verlauf einer Effizienzkurve. Man kann sie in zwei Teile zerlegen. Der linke Teil der Kurve beginnt über dem 0-Punkt der Abszisse und verläuft bis zum Minimum. Charakteristisch für diesen Teil ist die starke negative Steigung der Kurve. Der rechte Kurventeil beginnt beim Minimum und setzt sich bis zum rechten Ende der Abszisse fort. Dieser Teil hat die Eigenschaft einer geringen bis starken positiven Steigung, deren Betrag in der Regel erheblich kleiner ist als bei der Steigung im linken Teil. Je nach der abhängigen Variablen, verläuft die Effizienzkurve im rechten Teil linear, degressiv oder progressiv, wobei das letztere am häufigsten anzutreffen ist. Ein Kurvenverlauf ist degressiv (progressiv), wenn die Steigung der Effizienzkurve E(i) mit zunehmenden Werten des Parameters i abnimmt (zunimmt).

Alle beobachteten Effizienzkurven sind konvex. Da die Kurven teilweise nur in Ausschnitten dargestellt werden, haben die Effizienzkurven in der dargestellten Form nicht immer den beschriebenen Verlauf. Die genannten Eigenschaften gelten jedoch für alle Kurven.
Wichtige Merkmale für die Unterscheidung zwischen den einzelnen Effizienzkurven sind die Steilheit (Höhe der Steigungen), das Kurvenniveau (hier: Effizienzniveau; die absolute Höhe der Effizienzwerte) und die Lage des Minimums.

In den nächsten Abschnitten erfolgt eine genaue Analyse der Effizienzkurven in Abhängigkeit der vier Inputparameter. Alle anderen Parameter werden jeweils unverändert gelassen. Die Effizienzwerte wurden mit Hilfe eines aus dem Programm von Roller (1986) abgeleiteten und veränderten Pascal-Programms berechnet [2]. Die Ergeb-

---

[2] Das Programm berechnet auf Eingabe der Schlüsselparameter a (relative Prüfkosten), b (relativer Nutzen einer Erneuerung) und δ (Verschiebungsparameter) den kostenoptimalen standardisierten Prüfplan (x^*, n^*, c^*). Dabei wird der Algorithmus von v. Collani (1981) verwendet. Die sog. n-optimalen Kontrollpläne werden sukzessive für n=0, n=1, n=2 usw. berechnet bis bestimmte Bedingungen zum Abbruch des Verfahrens führen. Anschließend wird der Wert des standardisierten Gewinns $\Pi_{opt}(x^*, n^*, c^*)$ mit dem entsprechenden Wert Π_{herk} bei Anwendung des herkömmlichen Verfahrens verglichen.

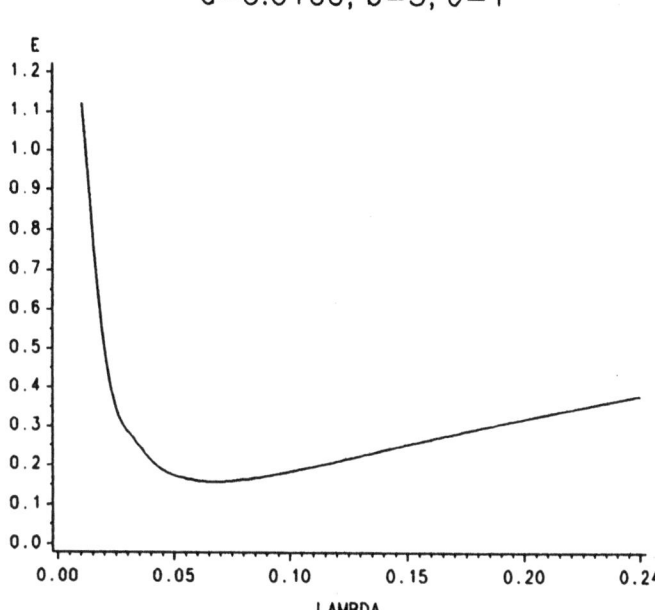

Abbildung 4.1: Allgemeiner Verlauf einer Effizienzkurve

nisse wurden auf Programme des Graphik-Softwarepaketes SAS-Graph übertragen. Die Kurven wurden schließlich mit einem Laserdrucker gezeichnet.

4.2 Abhängigkeit der Effizienz von a (Prüfkosten)

Die Graphen von E(a) zeigen den typischen Verlauf aller Effizienzkurven, der im vorigen Abschnitt beschrieben wurde. Der rechte Kurventeil ist progressiv bis linear. Für die von den Prüfkosten a abhängigen Effizienzkurven gelten folgende Eigenschaften [3]:

$$
\begin{array}{ll}
\underline{\text{linker Kurventeil}} & \underline{\text{rechter Kurventeil}} \\
(a \in (0, a_{min}]) & (a \in (a_{min}, \infty]) \\
E'_L(a) < 0 & E'_R(a) > 0 \\
E''_L(a) > 0 & E''_R(a) \geq 0 \text{ progressiv} \\
& \text{bis linear}
\end{array}
$$

$$|E'_L(a)| > |E'_R(a)|,$$

wobei:

a_{min}: Wert von a, an der die Effizienzkurve E(a) ihr Minimum annimmt.

$E'_L(a)$: 1. Ableitung des linken Kurventeils von E(a) als Funktion von a.

$E'_R(a)$: 1. Ableitung des rechten Kurventeils von E(a) als Funktion von a.

$E''_L(a)$: 2. Ableitung des linken Kurventeils von E(a) als Funktion von a.

$E''_R(a)$: 2. Ableitung des rechten Kurventeils von E(a) als Funktion von a.

$|E'_L(a)|$ bzw. $|E'_R(a)|$: Betrag der entsprechenden Ableitungen.

Im linken Kurventeil, d.h. für $a < a_{min}$, ist die Effizienz um so höher, je kleiner a ist. Im Bereich des rechten Kurventeils, also für Werte von $a > a_{min}$, schneidet das kostenoptimale Verfahren im Vergleich zur herkömmlichen Methode um so günstiger ab, je höher die Stichprobenkosten sind. Eine genaue Empfehlung an den Anwender läßt sich erst geben, wenn die konkreten Parameterwerte bereits vorliegen. Besonders wichtig ist die Kenntnis über die Lage des Minimums, aus der man im Einzelfall ableiten kann, ob bei Variationen von a mit einer Zu- oder Abnahme der Effizienz zu rechnen ist.

Nachfolgend werden einige Effizienzkurven dargestellt, bei denen man die Auswirkungen von Änderungen eines zweiten Inputparameters auf E(a) erkennen kann. Daraus lassen sich vorab einige Hinweise ableiten, bei welchen Parameterkombinationen hohe Effizienzwerte zu erwarten sind.

---

[3] Diese sowie die in den nächsten Abschnitten beschriebenen Eigenschaften wurden aus einer Vielzahl von Abbildungen abgeleitet. Eine genaue analytische Untersuchung ist auf Grund der Komplexität der Gewinnfunktionen nicht ohne weiteres möglich.

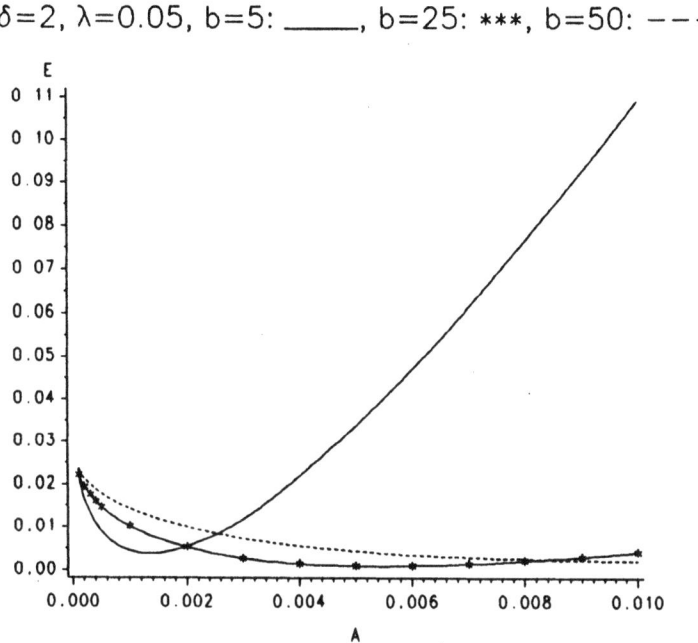

Abbildung 4.2: E(a) bei verschiedenen Werten von b

Einfluß von b auf E(a)

In Abbildung 4.2 wird die von a abhängige Effizienzkurve bei verschiedenen Werten von b dargestellt. Veränderungen des Nutzens pro Reparatur b wirken sich hauptsächlich auf die Steilheit und die Lage des Minimums von E(a) aus, während das Effizienzniveau kaum beeinflußt wird. Die Kurvensteilheit ist um so größer, je kleiner b ist, wobei eine wesentliche Änderung erst bei einem Sprung des b-Wertes von b=5 auf $b \geq 15$ zu beobachten ist. Das Minimum von E(a) wird bei abnehmenden Werten von b nach links verschoben.

Bei der Entscheidung zwischen kostenoptimalem und herkömmlichem Verfahren kann also folgende Erkenntnis nützlich sein: Bei kleinen Werten des Nutzens pro Reparatur b ($0 \leq b \leq 10$) nimmt die Effizienz mit steigenden Prüfkosten a (bei $a \geq 0,001$) zu. Bei größeren Werten von b ($b \geq 15$) ist der Einfluß von a auf die Höhe der Effizienz nur noch gering. In diesem Fall erreicht man eine hohe Effizienz, wenn die Stichprobenkosten möglichst niedrig liegen.

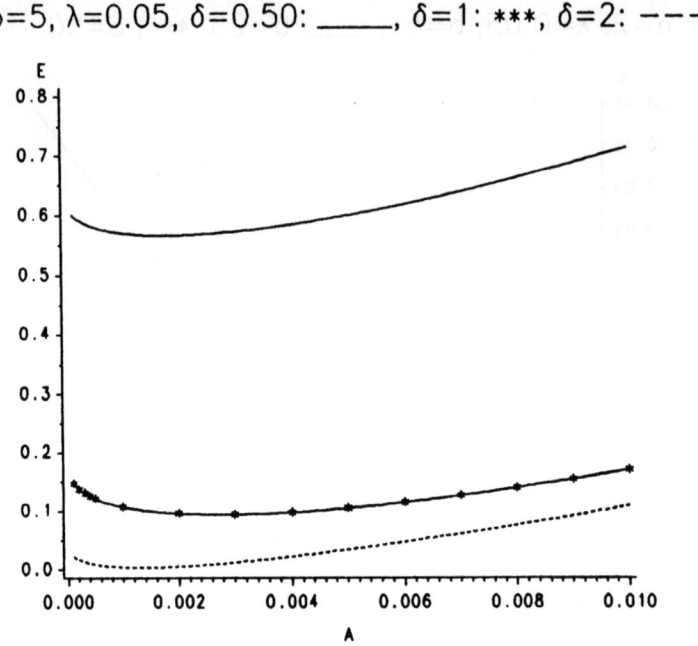

Abbildung 4.3: E(a) bei verschiedenen Werten von δ

Einfluß von δ auf E(a)

Schätzfehler vom Verschiebungsparameter δ wirken sich am stärksten auf den kostenoptimalen Prüfplan und den Gewinn pro Stück aus [4]. Daher ist es von besonderem Interesse, welchen Einfluß δ auf die Effizienz hat. Aus Abbildung 4.3 und weiteren hier nicht dargestellten Kurven lassen sich folgende Ergebnisse ableiten: Auf die von den Prüfkosten abhängige Effizienzkurve E(a) wirken sich Veränderungen von δ in erster Linie auf das Effizienzniveau aus. Es ist um so größer, je kleiner δ ist. Besonders deutlich wird die Niveauänderung bei Werten von $\delta < 1$.

Das Minimum wandert leicht nach links, wenn δ gesenkt wird. Bei $\delta < 1$ ist jedoch eine genaue Differenzierung bezüglich der Lage des Minimums notwendig. Veränderungen von δ haben praktisch keine Auswirkungen auf die Steilheit der Effizienzkurven E(a).

Als Ergebnis kann man festhalten: Besonders hoch ist die Effizienz bei kleinen Werten des Verschiebungsparameters von $\delta < 1$, wobei die Effizienz mehr oder weniger unabhängig von der Höhe der Prüfkosten a ist.

Außerdem erkennt man, daß je nach Wahl von δ die Effizienz sehr groß bzw. sehr klein

---

[4] Vgl. die Ergebnisse der Sensitivitätsanalyse in Abschnitt 3.3.

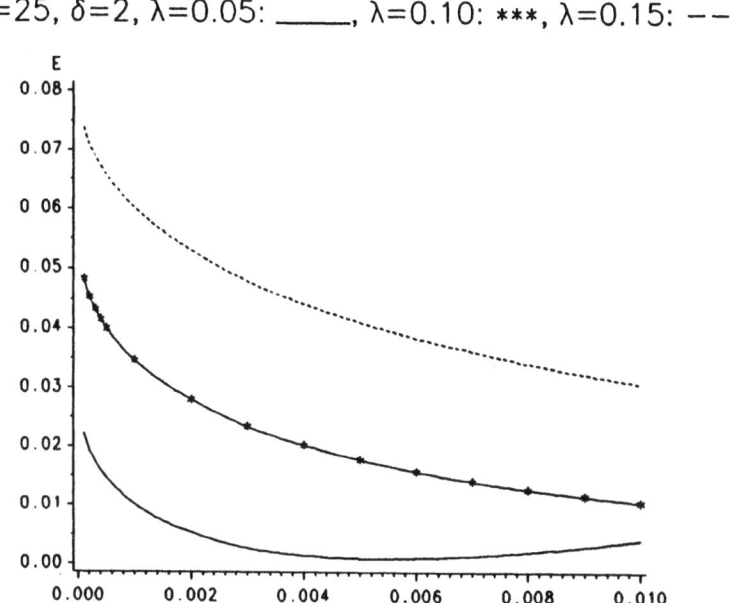

Abbildung 4.4: E(a) bei verschiedenen Werten von λ

sein kann. Der Grund liegt darin, daß herkömmliche Kontrollkarten für den Fall von $\delta \approx 2$ ganz gut arbeiten. Sobald δ klein wird, kann man jedoch mit einem Stichprobenumfang von n=5 nur noch schwer zwischen Zustand I und Zustand II unterscheiden (die Wahrscheinlichkeit für den Fehler 2. Art ist sehr hoch).

Einfluß von λ auf E(a)

Auch Veränderungen des Parameters λ der Exponentialverteilung, die die Verweildauer in Zustand I beschreibt, beeinflussen das Niveau der Effizienzkurve, wie man in Abbildung 4.4 erkennt, stark. Das Effizienzniveau von E(a) steigt mit zunehmenden Werten von λ, d.h. je kürzer die mittlere Verweildauer des Produktionsprozesses im zufriedenstellenden Zustand I ist. Das Minimum von E(a) verschiebt sich um so mehr nach links, je kleiner λ ist. Die Steilheit von E(a) bleibt von Veränderungen von λ unberührt.
Die Effizienz erreicht also besonders dann hohe Werte, wenn λ groß ist. Bei hohen Werten von $\lambda \geq 0,15$ liegt das Minimum weit rechts, so daß man bei geringeren Prüfkosten ($a \leq 0,010$) eine hohe Effizienz erreicht.

Fazit: Es läßt sich nicht eindeutig feststellen, bei welchen Parameterkonstellationen die Effizienzkurve E(a) besonders hohe Werte annimmt. Insbesondere kann man nicht angeben, bei welchen Prüfkosten a günstige Effizienzwerte zu erwarten sind. Nur bei kleinen Werten des Nutzens pro Reparatur b ist ein klarer Zusammenhang zwischen a und E(a) zu beobachten: Bei den praktisch relevanten Werten von $a \geq 0,001$ ist die Effizienz um so größer, je höher die Prüfkosten sind.

Die Effizienz hängt gleichzeitig stark von anderen Inputparametern ab. Die Graphen lassen darauf schließen, daß die Prüfkosten a häufig nicht den entscheidenden Einfluß auf die Effizienz haben. Aus den vorliegenden Kurven kann man bereits ableiten, daß die Höhe der Effizienz hauptsächlich vom Verschiebungsparameter δ (aber auch von λ) abhängt.

4.3 Abhängigkeit der Effizienz von b (Nutzen pro Erneuerung)

Die Effizienzkurven E(b) lassen sich auch in einen linken und rechten Kurventeil einteilen, wobei im rechten Kurventeil ein degressiver bis linearer Verlauf (zum Teil auch ein konstanter Kurvenverlauf) zu beobachten ist. Das bedeutet, daß in diesem Bereich das Wachstum der Kurve mit zunehmendem b immer kleiner wird, bis es den Wert 0 erreicht. Bei Variation des Nutzens pro Reparatur erhält man Effizienzkurven mit folgenden Eigenschaften, die wiederum aus einer Vielzahl von Abbildungen abgeleitet wurden:

linker Kurventeil	rechter Kurventeil
$(b \in (0, b_{min}])$	$(b \in (b_{min}, \infty])$
$E'_L(b) < 0$	$E'_R(b) \geq 0$ z.T. konstant
$E''_L(b) > 0$	$E''_R(b) \leq 0$ degressiv bis linear

$$|E'_L(b)| > |E'_R(b)|,$$

wobei die Bezeichnungen analog zu Abschnitt 4.2 zu verstehen sind.

Anders als bei E(a) lassen sich bei den Kurven E(b) zwei Abhängigkeiten deutlich erkennen. Bei Werten von $b < 5$ (teilweise auch schon bei $b < 10$) steigt die Effizienz bei abnehmendem b sehr stark an (sehr hohe Steilheit). Bei höheren Werten von b ist der Einfluß von b auf die Effizienz praktisch unbedeutend. Spätestens bei Werten von $b > 50$ ist E(b) nahezu konstant, d.h., daß eine Veränderung von b die Effizienz so gut wie unberührt läßt. Ist der Nutzen einer Reparatur im Verhältnis zu den Kosten eines falschen Alarms sehr gering, so kann man mit hohen Effizienzen rechnen. Bei in der Praxis eher anzutreffenden, höheren Werten von b ist der Einfluß von b auf die Effizienz von untergeordneter Bedeutung.

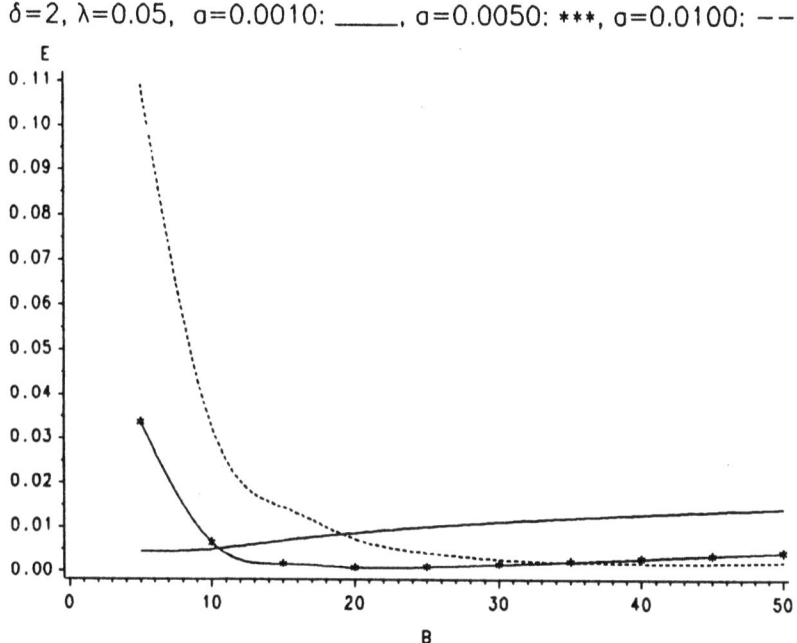

Abbildung 4.5: E(b) bei verschiedenen Werten von a

Anschließend untersuchen wir wieder drei Graphen, um die Auswirkungen von Veränderungen der weiteren Inputparameter auf E(b) zu zeigen.

Einfluß von a auf E(b)

Der Einfluß der Prüfkosten a auf die von b abhängige Effizienzkurve beschränkt sich auf die Lage des Minimums. Das Minimum von E(b) wird um so mehr nach links verschoben, je kleiner a ist. Mit Hilfe eines vorgegebenen Werts von a läßt sich jedoch nicht die genaue Lage des Minimums angeben.

Das Effizienzniveau und die Steilheit von E(b) werden von Veränderungen von a nur wenig beeinflußt. Damit bestätigt sich die geringe Bedeutung der Prüfkosten für die Effizienz. Die Zusammenhänge werden in Abbildung 4.5 dargestellt.

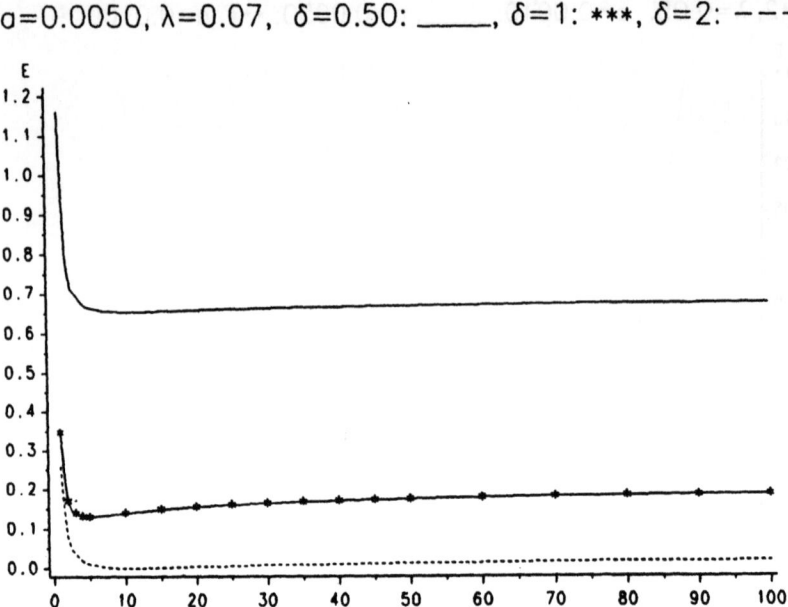

Abbildung 4.6: E(b) bei verschiedenen Werten von δ

Einfluß von δ auf E(b)

Die starke Abhängigkeit der Effizienz vom Verschiebungsparameter δ zeigt sich auch, wie in Abbildung 4.6 zu sehen ist, in den Effizienzkurven E(b). Eine Veränderung des Wertes von $\delta = 0,50$ auf $\delta = 1$ und $\delta = 2$ wirkt sich stark auf das Effizienzniveau aus. So erhält man bei vorgegebenen Werten der Inputparameter von a=0,0050 und $\lambda = 0,07$ eine Effizienz von 0,66 oder 0,175 oder nur 0,02, je nachdem, welche Auswirkungen der Prozeßfehler auf das Prozeßniveau hat.

Das Minimum von E(b) wird etwas nach links verschoben, wenn δ abnimmt (bei $0,75 \leq \delta \leq \infty$) oder zunimmt (bei $\delta \leq 0,50$). Die Steilheit von E(b) wird von Veränderungen des Verschiebungsparameters nicht berührt.

Eine klare Abhängigkeit der Effizienz von b ist nur bei Werten von $b < 5$ zu erkennen. In diesem Bereich werden sehr hohe Effizienzwerte erreicht. Bei größeren b-Werten läßt sich keine Abhängigkeit zur Effizienz feststellen.

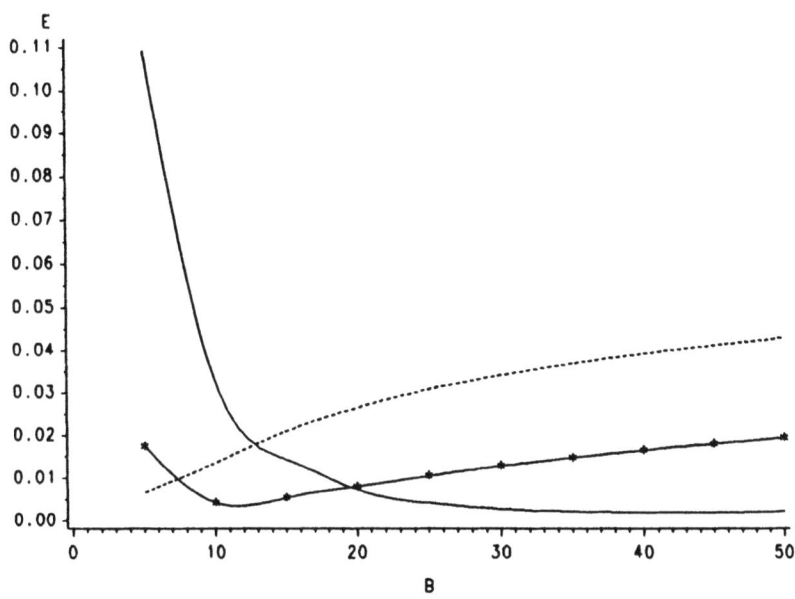

Abbildung 4.7: E(b) bei verschiedenen Werten von λ

Einfluß von λ auf E(b)

Aus Abbildung 4.7 erkennt man einen sehr geringen Einfluß von λ auf die Steilheit und einen stärkeren Einfluß auf das Effizienzniveau und die Lage des Minimums von E(b). Das Minimum von E(b) wandert deutlich nach links, wenn der Parameter der Exponentialverteilung λ erhöht wird. Doch lassen sich auch hier keine genauen Werte für b_{min} angeben. Bei $\lambda = 0,10$ und $\lambda = 0,15$ steigt die Effizienz bei zunehmendem b (bei $b > 12$), während bei $\lambda = 0,05$ auch noch bei Werten von $b \geq 50$ mit einer Abnahme der Effizienz zu rechnen ist.

Das Effizienzniveau ist um so größer, je größer auch λ ist. Obwohl die Niveauänderung deutlich ist, fällt sie im Vergleich zum Einfluß von δ vergleichsweise gering aus.

In der hier dargestellten Abbildung sind die Effizienzwerte sehr klein (zumeist ist $E(b) < 0,04$). Dies liegt in erster Linie an den gewählten hohen Werten von λ, bei denen die Verweildauer im zufriedenstellenden Zustand I $1/\lambda$ recht kurz ist. Störungen des Produktionsprozesses treten demnach schon nach $1/\lambda = 20, 10$ und $6,6$ Stunden Produktionszeit auf. Die hier gezeigte Abbildung soll den Einfluß von λ auf E(b) verdeutlichen. Bei eher realistischen kleineren Werten von λ (bzw. höheren Werten von $1/\lambda$) beobachtet man eine wesentlich höhere Effizienz, doch lassen sich in diesem Fall die

Zusammenhänge nicht so klar darstellen.

Fazit: Eine klare Abhängigkeit zwischen der Effizienz und dem Nutzen pro Reparatur besteht nur bei kleinen Werten von $b < 5$. In diesem Bereich erreicht man sehr hohe Effizienzwerte (teilweise ist $E(b) > 1$). Hier empfiehlt sich also besonders die Anwendung des kostenoptimalen Verfahrens der Prozeßkontrolle. Bei höheren und eher realistischen Werten ist der Einfluß von b auf die Effizienz nur sehr gering, wenn nicht gar bedeutungslos (Konstanz von E(b)). In diesem Fall müßten die Werte anderer Inputparameter herangezogen werden, um über den relativen Vorteil der kostenoptimalen Methode zu entscheiden.

4.4 Abhängigkeit der Effizienz von δ (Verschiebungsparameter)

Die bisher betrachteten Effizienzkurven lassen auf eine starke Abhängigkeit der Effizienz vom Verschiebungsparameter δ schließen. Hier soll nun diese Vermutung anhand von Effizienzkurven $E(\delta)$, die von δ abhängen, untersucht werden. Auch $E(\delta)$ zeigt den typischen Verlauf aller Effizienzkurven, wobei der rechte Teil eine progressive bis lineare Steigung aufweist. Die Eigenschaften der Effizienzkurven $E(\delta)$ lauten wie folgt:

linker Kurventeil	rechter Kurventeil
($\delta \in (0, \delta_{min}]$)	($\delta \in (\delta_{min}, \infty]$)
$E'_L(\delta) < 0$	$E'_R(\delta) > 0$
$E''_L(\delta) > 0$	$E''_R(\delta) \geq 0$ progressiv
	bis linear
$|E'_L(\delta)| \quad >$	$|E'_R(\delta)|$,
(sehr hoch)	(sehr niedrig)

wobei die Bezeichnungen analog zu Abschnitt 4.2 zu verstehen sind.

Alle Effizienzkurven $E(\delta)$ zeigen bei Werten von $\delta < 1$ eine sehr starke und bei $\delta > 1$ eine nur sehr geringe Abhängigkeit der Effizienz vom Verschiebungsparameter δ. Bei den Effizienzkurven $E(\delta)$ kann man einen klaren Kurvenverlauf erkennen. Bei Werten von $0 < \delta < 1$ fällt $E(\delta)$ stark ab, d.h., in diesem Bereich führt ein möglichst kleiner Wert von δ zu einer hohen Effizienz. Bei Werten von $\delta > 1$ steigt die Effizienzkurve $E(\delta)$ leicht an, so daß höhere Werte von δ zu effizienteren Prüfplänen führen. Bei einer geringen Verschiebung des Erwartungswerts der Merkmalswerte auf Grund eines Prozeßfehlers kann man bei Anwendung des kostenoptimalen Verfahrens mit großen Effizienzwerten rechnen, während sich die herkömmliche Methode in diesem Fall als äußerst ineffizient

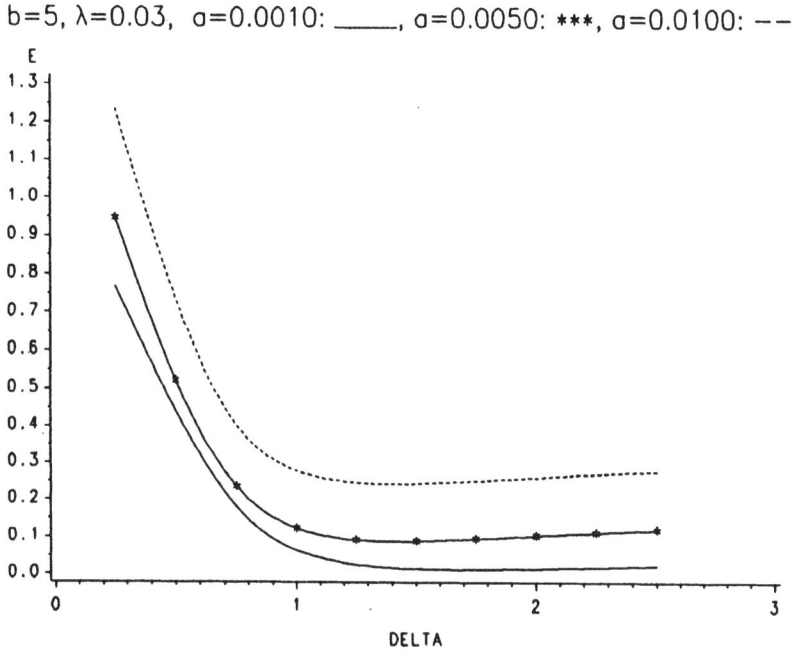

Abbildung 4.8: E(δ) bei verschiedenen Werten von a

erweist. Das Ergebnis bezüglich des rechten Kurventeils ist einigermaßen überraschend, da die vorher dargestellten Graphen auch hier eine stärkere Abhängigkeit vermuten ließen. Nachfolgend werden die Effizienzkurven E(δ) bei verschiedenen Inputparameterwerten wiedergegeben.

Einfluß von a auf E(δ)

Änderungen der Prüfkosten a beeinflussen die vom Verschiebungsparameter δ abhängigen Effizienzkurven E(δ) bezüglich der Lage des Minimums und des Kurvenniveaus. Die Steilheit von E(δ) ist dagegen fast unabhängig von Veränderungen der Prüfkosten. Diese Eigenschaften von E(δ) lassen sich aus Abbildung 4.8 entnehmen.

Das Minimum von den Effizienzkurven E(δ) verschiebt sich nach links, wenn der Wert von a erhöht wird. Eine genaue Angabe von δ_{min} ist nicht möglich, doch läßt sich folgende Regel aufstellen: Bei Werten von $0 < \delta < 1$ fällt die Effizienz mit zunehmendem δ stark ab; bei wachsenden Werten von $\delta > 1$ ist nur mit einer sehr geringen Änderung (Zu- oder Abnahme) der Effizienz zu rechnen.

Das Effizienzniveau ist um so größer, je höher die Prüfkosten a sind. Das bedeutet im

a=0.0050, λ=0.01, b=5: _____, b=25: ***, b=50: - - -

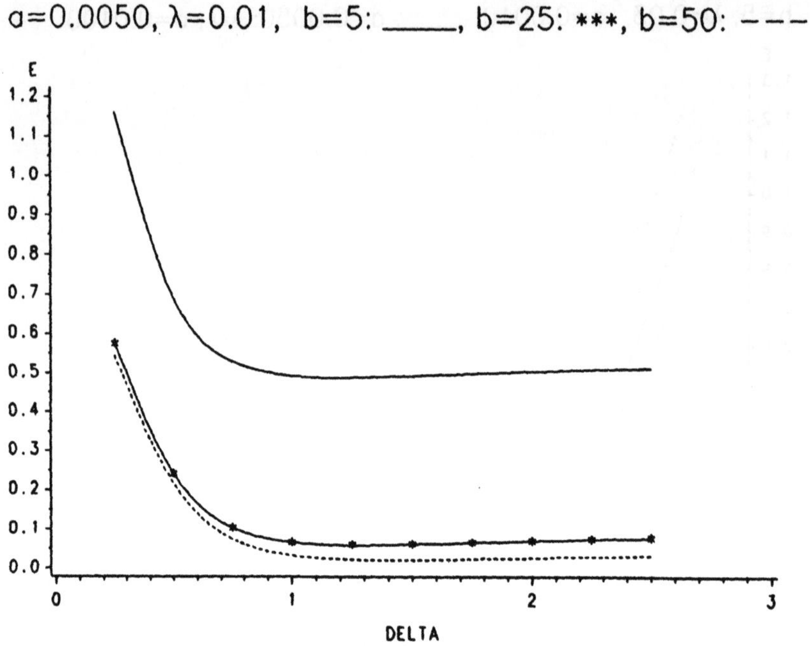

Abbildung 4.9: $E(\delta)$ bei verschiedenen Werten von b

vorliegenden Graphen, daß bei gleichbleibenden Werten von b und λ die Effizienzkurve $E(\delta)$ bei a=0,0100 deutlich höher liegt als bei a=0,0050 und a=0,0010.

Einfluß von b auf $E(\delta)$

Die Effizienzkurven $E(\delta)$ in Abbildung 4.9 haben fast die gleichen Eigenschaften wie diejenigen in Abbildung 4.8. Die Einflüsse von Veränderungen des Nutzens einer Reparatur b auf $E(\delta)$ sind jedoch genau umgekehrt zu denen bei Veränderungen der Prüfkosten a. Das Minimum von $E(\delta)$ wandert nach links, je kleiner die Werte von b sind. Auch hier läßt sich die gleiche Regel aufstellen wie oben.
Das Effizienzniveau von $E(\delta)$ wächst bei abnehmendem b. Die Ausmaße der Änderung unterscheiden sich von denen bei der Untersuchung des Einflusses von a auf $E(\delta)$. Während in Abbildung 4.9 eine Verringerung von b um den Faktor 5 (von b=25 auf b=5) zu einer deutlich größeren Effizienzerhöhung führt als bei einer Verfünffachung von a (Abbildung 4.8; Änderung von a=0,0010 auf a=0,0050), sind die Ergebnisse bei einer Halbierung von b bzw. Verdoppelung von a umgekehrt.

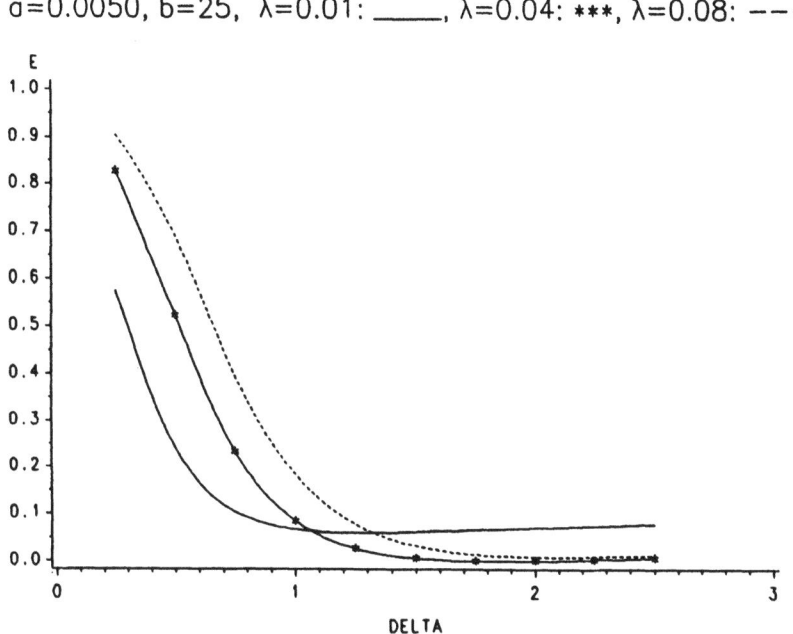

Abbildung 4.10: $E(\delta)$ bei verschiedenen Werten von λ

Einfluß von λ auf $E(\delta)$

Auch hier beschränkt sich der Einfluß von λ auf die Lage des Minimums und das Effizienzniveau von $E(\delta)$, während die Steilheit von $E(\delta)$ fast unverändert bleibt. Eine Verschiebung des Minimums von $E(\delta)$ geschieht, wenn der Wert des Parameters der Exponentialverteilung λ abnimmt. Aus Abbildung 4.10 erkennt man, daß die Verlagerung des Minimums hier deutlicher ist als in den beiden vorigen Fällen. Daraus kann man folgern, daß λ den stärksten Einfluß auf die Lage des Minimums von $E(\delta)$ hat. Für höhere Werte von λ (hier: $\lambda = 0,04$ und $\lambda = 0,08$) liegt das Minimum vergleichsweise weit rechts (bei $\delta \geq 2$).

Die Änderung des Effizienzniveaus von $E(\delta)$ ist dagegen nicht so stark. Zudem ergeben sich Schnittpunkte zwischen den einzelnen Kurven in Abbildung 4.10, so daß der Einfluß von λ nicht so deutlich ist. Für praxisrelevante Werte von δ gilt jedoch in etwa die Regel: Das Effizienzniveau ist umso größer, je größer auch λ (bzw. je kleiner die Verweildauer) ist.

Fazit: Es besteht eine starke Abhängigkeit der Effizienz vom Verschiebungsparameter δ. Im rechten Kurventeil hätte man jedoch auf Grund der vorher dargestellten Kurven einen stärkeren Einfluß von δ auf die Effizienz erwartet. Bei $\delta < 1$ kann man immer mit einer sehr hohen Effizienz rechnen. Bei $\delta > 1$ steigt die Effizienz mit zunehmendem δ in geringerem Maße als erwartet. Von den bisher betrachteten Inputparametern hat der Verschiebungsparameter δ dennoch den größten Einfluß auf die Effizienz.

4.5 Abhängigkeit der Effizienz von λ (Parameter der Exponentialverteilung)

Die Verweildauer des Produktionsprozesses im zufriedenstellenden Zustand I wird durch die Exponentialverteilung mit dem Erwartungswert $1/\lambda$ beschrieben. Die Ergebnisse der vorhergehenden Abschnitte lassen einen starken Einfluß des Parameters λ auf die Effizienz vermuten. Auch die von λ abhängigen Effizienzkurven $E(\lambda)$ bestehen, wie es bereits in Abbildung 4.1 zu sehen war, aus einem linken und einem rechten Kurventeil mit folgenden Eigenschaften [5]:

linker Kurventeil	rechter Kurventeil
($\lambda \in (0, \lambda_{min}]$)	($\lambda \in (\lambda_{min}, \infty]$)
$E'_L(\lambda) < 0$	$E'_R(\lambda) > 0$
$E''_L(\lambda) > 0$	$E''_R(\lambda) \lesseqgtr 0$ degressiv, linear oder progressiv

$$|E'_L(\lambda)| > |E'_R(\lambda)|,$$

wobei die Bezeichnungen analog zu Abschnitt 4.2 zu verstehen sind.

Die Effizienzkurven $E(\lambda)$ zeigen in beiden Kurventeilen eine starke Abhängigkeit von λ. Bei geringen Werten von $\lambda < 0,02$ steigt $E(\lambda)$ mit abnehmendem λ sehr stark an. Bei Werten von $\lambda > 0,05$ wächst die Effizienz mit zunehmendem λ. Die Steilheit im rechten Kurventeil von $E(\lambda)$ ist bei den meisten Parameterkonstellationen höher als bei den zuvor betrachteten Effizienzkurven. Daher kann man sowohl bei Werten von λ, die links von λ_{min} liegen, wie auch bei λ-Werten, die weit rechts von λ_{min} liegen, mit einer hohen Effizienz rechnen. Das Minimum liegt dabei in der Regel in der weiteren Umgebung von $\lambda = 0,05$.

Nachfolgend werden wir die Einflüsse der anderen Inputparameter auf die Effizienzkurve $E(\lambda)$ anhand der einzelnen Graphen untersuchen.

---

[5]Diese Aussagen basieren auch hier auf einer großen Zahl von untersuchten Parameterkonstellationen. Für die in diesem Abschnitt dargestellten Abbildungen wurde nur ein kleiner Teil der zur Verfügung stehenden Information benötigt.

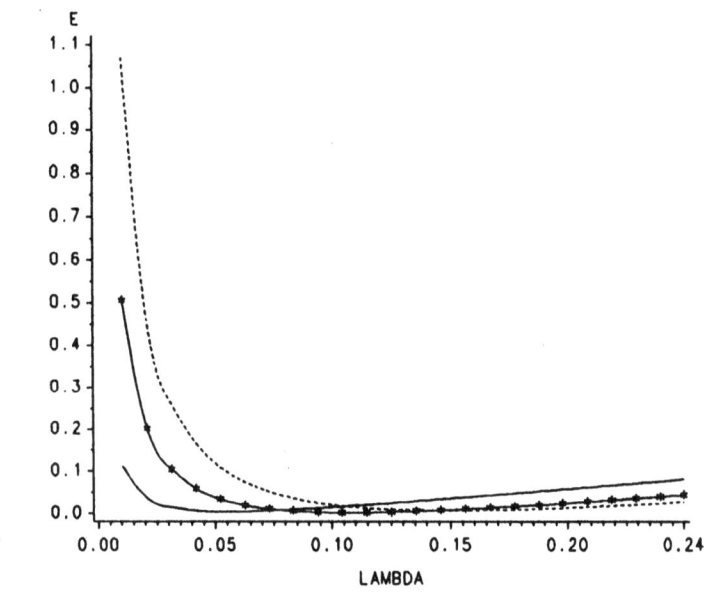

Abbildung 4.11: $E(\lambda)$ bei verschiedenen Werten von a

Einfluß von a auf $E(\lambda)$

Die Prüfkosten a beeinflussen die Effizienzkurve $E(\lambda)$ nur bezüglich der Lage des Minimums (siehe Abbildung 4.11). Dagegen wirken sich Veränderungen von a nur unwesentlich auf die Steilheit und das Effizienzniveau von $E(\lambda)$ aus.

Das Minimum von $E(\lambda)$ wird um so mehr nach links verschoben, je kleiner a ist. Eine genaue Angabe von λ_{min} ist nicht möglich, man kann jedoch von folgender Regel ausgehen: Bei Werten von $\lambda < 0,05$ (d.h. in Fällen, in denen die Verweildauer des Zustands I über 20 Stunden beträgt) kann man hohe Effizienzwerte erwarten; bei wenig praxisrelevanten Werten von $\lambda > 0,10$ nimmt die Effizienz bei wachsendem λ wieder zu. Bei einem wenig reparaturanfälligen Produktionsapparat ist die Anwendung kostenoptimaler Verfahren also besonders günstig.

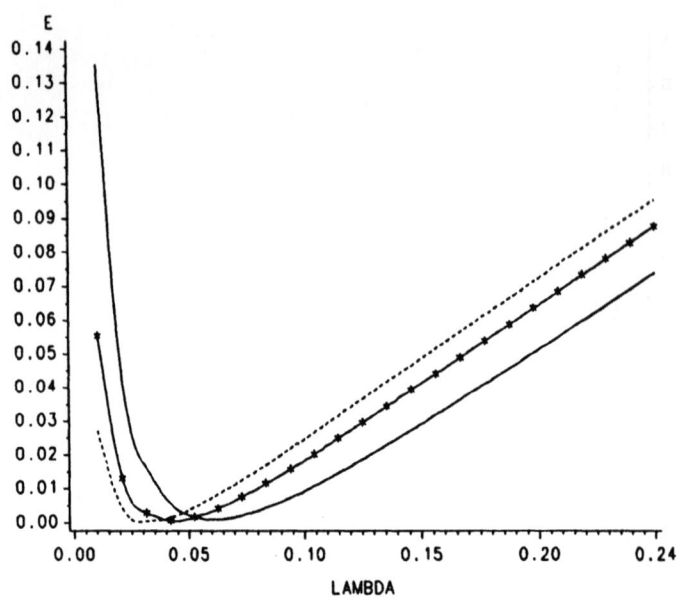

Abbildung 4.12: $E(\lambda)$ bei verschiedenen Werten von b

Einfluß von b auf $E(\lambda)$

In Abbildung 4.12 wird die Effizienkurve $E(\lambda)$ bei verschiedenen Werten des Nutzens einer Reparatur b dargestellt. Man erkennt einen Einfluß von b auf die Lage des Minimums und das Niveau von $E(\lambda)$, während eine Variation von b die Steilheit der Effizienzkurve $E(\lambda)$ praktisch unverändert läßt.

Das Minimum von $E(\lambda)$ wandert nach links, wenn der Wert von b erhöht wird. Der Bereich des Minimums läßt sich hier nicht genau eingrenzen. Die höchsten Effizienzwerte werden bei kleinen und größeren Werten von λ erreicht.

Bei der Analyse des Einflusses von b auf das Effizienzniveau ist eine differenzierte Betrachtung notwendig. Rechts des Minimums von $E(\lambda)$ liegt das Kurvenniveau um so höher, je größer b ist. Im linken Teil wird bei den kleinen Werten von b ein hohes Niveau erreicht.

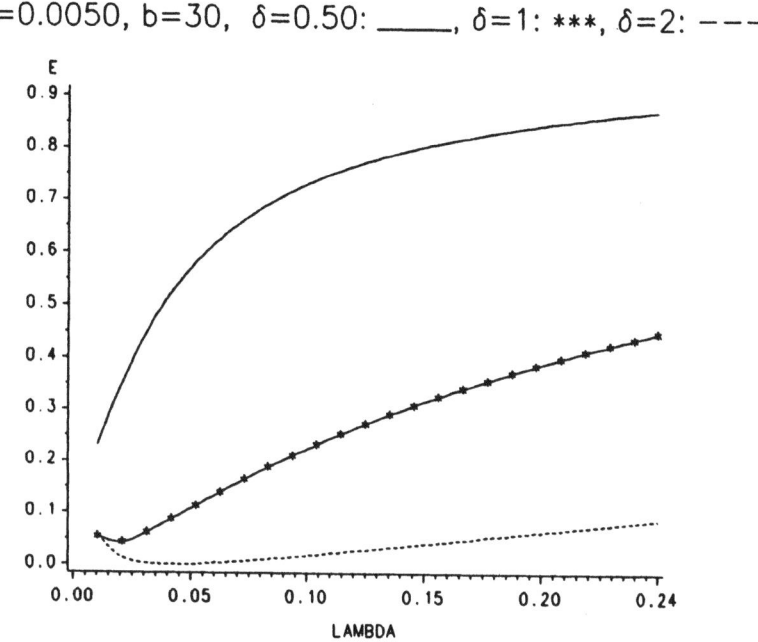

Abbildung 4.13: E(λ) bei verschiedenen Werten von δ

Einfluß von δ auf E(λ)

Abbildung 4.13 zeigt die Auswirkungen von Veränderungen des Verschiebungsparameters δ auf die Effizienzkurve E(λ). Die Variation von δ beeinflußt die Steilheit und die Lage des Minimums, nicht jedoch, wie bei allen bisherigen Effizienzkurven, das Effizienzniveau.

Das Minimum von E(λ) liegt um so weiter links, je kleiner δ ist. Auch hier läßt sich der Bereich von λ_{min} nicht eingrenzen. Das Minimum liegt weiter links als bei den beiden bisher betrachteten Kurven, so daß der rechte ansteigende Ast der Kurven schon bei recht kleinen Werten von λ beginnt.

Die Steilheit der Effizienzkurven E(λ) steigt stark an, wenn der Wert des Verschiebungsparameters verkleinert wird. Durch Veränderung von λ wird im Beispielsfall die Art der Steigung berührt: Der rechte Kurventeil geht von einer progressiven (bei $\delta = 1$ und 2) zu einer degressiven Steigung (bei $\delta = 0,5$) über. Der Anstieg von E(λ) ist bei kleinen Werten des Verschiebungsparameters sehr groß, so daß auch bei wenig zuverlässigen Produktionsprozessen (λ hoch) hohe Effizienzen erreicht werden.

Fazit: Die Effizienzkurven E(λ) lassen eine starke Abhängigkeit der Effizienz vom Parameter der Exponentialverteilung λ (d.h. davon, ob Störungen selten oder häufig auftreten) erkennen, die auch im rechten Kurventeil überraschend stark ausgeprägt ist. Eine hohe Effizienz ist bei Werten von $\lambda < 0,05$, aber auch bei $\lambda > 0,10$ zu erwarten. Für den Wertebereich dazwischen kann man keine allgemeinen Aussagen machen.
Auf einen praktischen Fall übertragen bedeuten diese Ergebnisse: Das kostenoptimale Prüfverfahren von v. Collani ist im Vergleich zur herkömmlichen Methode dann besonders vorteilhaft, wenn der Produktionsprozeß im allgemeinen über eine längere Zeit (über 20 Stunden) fehlerfrei läuft. Diesen Fall wird man in vielen Situationen vorfinden. Aber auch wenn der Produktionsapparat eher unzuverlässig arbeitet (es tritt alle 10 Stunden und öfter ein Prozeßfehler auf), werden noch recht hohe Effizienzwerte erreicht.

4.6 Zusammenfassung

Anhand von zahlreichen sog. Effizienzkurven, die die Abhängigkeit der Effizienz von den vier Inputparametern darstellen, wurde der Vorteil kostenoptimaler Prüfverfahren im Vergleich zur herkömmlichen Methode illustriert. Die Zusammenhänge zwischen der Effizienz und den Inputparametern sind ersichtlich sehr komplex, so daß man keine allgemeinen Aussagen über die Höhe und die Tendenz der Effizienz angeben kann.

Die Prüfkosten a haben häufig nur einen geringen Einfluß auf die Effizienz. Bei Variation von a verändert sich die Effizienz bei den meisten Parameterkonstellationen nur unwesentlich. Nur bei einem gleichzeitig vorgegebenen kleinen Wert von b ist ein klarer Zusammenhang zur Effizienz festzustellen: Man erhält eine hohe Effizienz bei hohen Prüfkosten.

Auch die Abhängigkeit der Effizienz vom Nutzen einer Reparatur ist nur sehr gering. Nur bei kleinen Werten von $b < 5$ (teilweise auch schon bei $b < 10$) ist der Einfluß auf die Effizienz groß. In diesem Wertebereich von b erreicht man in der Regel sehr hohe Effizienzwerte.

Klar sind dagegen die Zusammenhänge zwischen der Effizienz und dem Verschiebungsparameter δ. Die höchste Effizienz erreicht man bei Werten von $\delta < 1$; in diesem Bereich nimmt E teilweise Werte von $E > 1$ an. Die Anwendung des kostenoptimalen Verfahrens ist also dann besonders günstig, wenn der Erwartungswert der zu messenden Merkmalswerte als Folge des Prozeßfehlers nur wenig verschoben wird [6]. Steigt der Wert des Verschiebungsparameters auf über eins, so läßt der Einfluß von δ auf E erheblich nach. Die Effizienz steigt bei zunehmendem δ nur in geringem Maße.
Von allen Inputparametern hat der Verschiebungsparameter δ insgesamt gesehen dennoch den größten Einfluß auf die Effizienz.

---

[6]Vgl. dazu die Ausführungen in Abschnitt 3.2.4.

Auch die Abhängigkeit der Effizienz vom Parameter der Exponentialverteilung ist stark. Eine hohe Effizienz ist einerseits bei Werten von $\lambda < 0,05$ und andererseits bei $\lambda > 0,10$ zu erwarten. Hohe Effizienzwerte erreicht man also dann, wenn einerseits der Produktionsprozeß über eine Zeitdauer von über 20 Stunden fehlerfrei läuft (d.h. im zufriedenstellenden Zustand I beharrt), oder wenn andererseits mindestens alle 10 Stunden der Produktionsapparat wegen eines Prozeßfehlers angehalten werden muß.

Folgende Parameterwerte führen häufig zu sehr hohen Effizienzwerten des kostenoptimalen Prüfverfahrens:

- hohe Prüfkosten a bei gleichzeitigem kleinen b ($b < 5$),
- ein kleiner Nutzen pro Reparatur b ($b < 5$, teilweise auch schon bei $b < 10$),
- kleine δ ($\delta < 1$),
- kleine λ ($\lambda < 0,02$) oder große λ ($\lambda > 0,10$).
  Werte in der Umgebung von $\lambda = 0,05$ sind vergleichsweise ungünstig.

Die Einflüsse der einzelnen Inputparameter auf die Effizienz können sich in ihrer Wirkung teilweise kompensieren oder auch in einigen Fällen addieren.

Schlußfolgerung: Bei Verwendung herkömmlicher Verfahren geht man die Gefahr ein, eine vollkommen ineffiziente Kontrollstrategie zu benutzen. Ob dies tatsächlich der Fall ist oder nicht, kann nur eine eingehende Analyse des Produktionsprozesses ergeben. Die Analyse muß sowohl die mehr technische Seite als auch die ökonomischen Aspekte des Prozesses berücksichtigen. Hat man aber diese Untersuchungen durchgeführt, dann wird man ohnehin ein kostenoptimales Verfahren, das der gegebenen Situation angepaßt ist, der herkömmlichen nicht angepaßten Methode vorziehen.

Kapitel 5

Ökonomische Darstellung der Kostenparameter

Die Zielfunktion des kostenoptimalen Prüfverfahrens von v. Collani erfaßt im Prinzip sämtliche Kosten, die bei der Produktion anfallen. Diese Kosten werden in den beiden Gewinnparametern g_1 (durchschnittlicher Gewinn pro Stück bei Produktion im zufriedenstellenden Zustand I) und g_2 (durchschnittlicher Gewinn bei Produktion im nicht zufriedenstellenden Zustand II) berücksichtigt. Bei der Erstellung des kostenoptimalen Prüfplanes interessiert jedoch in erster Linie die Höhe der Kosten und des Nutzens, die direkt mit den drei Qualitätskontrollmaßnahmen (Stichprobe, Inspektion, Reparatur) zusammenhängen und die in die verschiedenen primären Kostenparameter und ökonomischen Schlüsselparameter eingehen. Wichtig ist auch die Kenntnis über den Betrag der Differenzgröße $(g_1 - g_2)$.

In diesem Kapitel sollen die Möglichkeiten zur Ermittlung und/oder Schätzung der Kostenparameter des Modells von v. Collani aufgezeigt werden. Bevor dies geschieht, muß genau geklärt werden, welche Kosten überhaupt im Modell gesondert betrachtet werden müssen.

Schon vor einigen Jahrzehnten wurde der Begriff der Qualitätskosten erstmals in der Literatur erwähnt. Aus diesen Anfängen heraus wurde eine Vielzahl von Aufsätzen veröffentlicht, die sich mit den Qualitätskosten befassen. Es wurden umfangreiche Gliederungen entwickelt, die alle mit der Qualität zusammenhängenden Kosten beinhalten. Dabei wird das Ziel angestrebt, in den Unternehmen ein Qualitätskostensystem (oder eine Qualitätskostenrechnung) als Teil oder neben der bereits bestehenden betrieblichen Kostenrechnung einzurichten.

Hier wird versucht, die zahlreichen Publikationen zur Qualitätskostenrechnung zu nutzen. Es wird untersucht, inwieweit einzelne Kostenarten dieser Systeme auch in das hier benutzte Modell eingehen. Die dazugehörigen Kostenbegriffe müssen dabei angepaßt werden. Daraus wird der Begriff der *modellrelevanten Qualitätskosten* abgeleitet.

Das Ziel ist die Entwicklung eines Kostensystems, das alle für das Modell benötigten Informationen beinhaltet.

Hat man die notwendigen Begriffsabgrenzungen vorgenommen, so kann man schließlich die Ermittlung oder Schätzung der Kostenparameter vornehmen. Dazu müssen die modellrelevanten Qualitätskosten in der richtigen Form den einzelnen Kostenparametern zugeordnet werden. Des weiteren wird auf die Problematik der Kostenermittlung in der betrieblichen Praxis eingegangen.

5.1 Der Begriff der Qualitätskosten

5.1.1 Historische Entwicklung

Die erste Entwicklung eines Qualitätskostensystems begann Mitte der vierziger Jahre in den USA. Damit sollte in erster Linie die Bedeutung und Wirtschaftlichkeit der Qualitätssicherung der Unternehmensleitung gegenüber in finanziellen Größen sichtbar gemacht werden. Außerdem bot sich damit die Möglichkeit, die Wirtschaftlichkeit von qualitätsfördernden Investitionen nachzuweisen (vgl. Masser (1956) und Lesser (1954)).

Lesser (1954) stellte als erster ein geschlossenes Qualitätskostensystem vor, das seit 1946 bei der General Electric Company in den USA entwickelt worden war. Eine andere, weitergehende Abgrenzung der Qualitätskosten definierte Juran (1951,1962). Dieses System konnte sich in der Praxis nicht durchsetzen.

Masser (1957) teilte in seiner Weiterentwicklung des Systems von Lesser zum ersten Mal die Qualitätskosten in die Gruppen Prevention, Appraisal und Failure Costs ein. Dieses Qualitätskostensystem setzte sich international durch. Lediglich bei den Failure Costs wurde nach ihrem Entstehungsort eine weitere Untergliederung in External und Internal Failure Costs vorgenommen (vgl. Freeman (1960)). Dieser Kosteneinteilung folgte ebenso Feigenbaum (1961). Auch in den neuesten Lehrbüchern zur Qualitätssicherung (vgl. Montgomery (1985), Besterfield (1979,1986) u.a.) wurde an dieser Einteilung festgehalten.
Im deutschsprachigen Raum werden die drei Kostengruppen als Fehlerverhütungs-, Prüf- und Fehlerkosten bezeichnet (vgl. DGQ (1985)).

In der Praxis wird bei den einzubeziehenden Kostenarten auf Grund der unterschiedlichen betriebsspezifischen Gegebenheiten häufig von den in der Literatur vorgeschlagenen Kostensystemen abgewichen, wobei die Grobeinteilung der Qualitätskosten stets beibehalten wird (vgl. Sullivan (1983)).
Gilmore (1972) und o.V. (1977) führten erstmals empirische Studien über Höhe und Zusammensetzung der Qualitätskosten in der amerikanischen Industrie durch.
Hahner (1981) veröffentlichte die Ergebnisse einer umfangreichen Untersuchung in der Maschinenbauindustrie der Bundesrepublik Deutschland.

5.1.2 Aufgaben eines Qualitätskostensystems

Nach Hahner (1981) ist das Hauptziel eines Qualitätskostensystems oder einer Qualitätskostenrechnung, wie er es nennt, die Bereitstellung und Analyse von Kosteninformationen als Grundlage für die Qualitätslenkungsfunktion der Qualitätssicherung. Die Qualitätslenkung umfaßt in erster Linie die qualitätsbezogene Information, Beratung und Koordination anderer Unternehmensbereiche oder -abteilungen mit dem Ziel, vorgegebene Qualitätsanforderungen zu erfüllen [1].

Das Qualitätskostensystem stellt kein zur betrieblichen Kostenrechnung paralleles Rechnungswesen dar. Es ist ein ergänzendes Instrument, das durch Qualitätskostenuntersuchungen die Daten und Unterlagen für die Kostenrechnung zur Verfügung stellt. Die Qualitätskostenrechnung setzt eine allgemeine Kostenrechnung voraus.

Im einzelnen kann man die folgenden Aufgaben eines Qualitätskostensystems nennen [2]:

- Erkennung wirtschaftlicher Schwachstellen im Betriebsprozeß.

- Darstellung der Kostenstruktur, Kostenherkunft und Kostenentwicklung, um Aufschluß über die Ursachen von Unwirtschaftlichkeiten zu bekommen.

- Investitions- und Wirtschaftlichkeitsuntersuchungen zur Bewertung mehrerer zur Entscheidung anstehenden Maßnahmen und Investitionen.

- Erreichung einer kostenoptimalen Planung von Qualitätsprüfungen.

- Datenbereitstellung für die Qualitätsberichterstattung an die Unternehmensleitung.

5.1.3 Definition und Gliederung der Qualitätskosten

Die Qualitätskosten werden im Schrifttum unterschiedlich definiert. Keine der Begriffsbestimmungen hat sich bislang durchsetzen können. Allgemein kann man Qualitätskosten als die mit der Tätigkeit der Qualitätssicherung zusammenhängenden Kosten eines Unternehmens einschließlich der Folgekosten von fehlerhaften Produkten bezeichnen. Die Tätigkeit der Qualitätssicherung ist dabei die Summe aller Maßnahmen, die zum Ziel haben zu prüfen, ob das Erreichen der Produktqualität gewährleistet ist oder erhalten bleibt.

Diese Definition kann jedoch nicht alle Kostenelemente umfassen, die gemeinhin den Qualitätskosten zugerechnet werden. Andererseits wird ein großer Teil der von der betrieblichen Kostenrechnung erfaßten Kosten in irgendeiner Weise von Qualitätsanforderungen berührt. Es wäre jedoch weder wirtschaftlich vertretbar noch rechentechnisch möglich, sämtliche Kosten, die in irgendeiner Beziehung zur Kosteneinflußgröße Qualität stehen, als Qualitätskosten zu erfassen. Um eine annehmbare Eingrenzung

---
[1] Vgl. DGQ (1979).
[2] Vgl. Hahner (1981), Steinbach (1985) und DGQ (1979).

Abbildung 5.1: Aufschlüsselung von Qualitätskosten

der Qualitätskosten zu erhalten, gehen immer mehr Autoren dazu über, den Begriff Qualitätskosten einfach als Summe der im vorigen Abschnitt genannten Qualitätskostengruppen zu definieren. Als Beispiel hierzu geben wir die Definition der DGQ (1985) wieder:

„Qualitätskosten sind Kosten, die vorwiegend infolge von Qualitätsforderungen entstehen, das heißt Kosten, die durch alle Maßnahmen der Fehlerverhütung und der Qualitätsprüfung sowie durch externe und interne Fehler verursacht werden."

Diese Begriffsbestimmung muß durch eine detaillierte Gliederung der Kostengruppen ergänzt werden. Erst durch eine vollständige Aufzählung der Kostenarten und -elemente lassen sich alle Qualitätskosten erfassen. Die Kostengliederung wird auf Grund der jeweiligen betriebsspezifischen Gegebenheiten von Unternehmen zu Unternehmen unterschiedlich sein. Es läßt sich aber eine allgemeine Kostenzusammensetzung angeben, die die meisten Qualitätskosten beinhaltet. Abbildung 5.1 zeigt eine Möglichkeit der Aufschlüsselung von Qualitätskosten in verschiedene Untergruppen.

Die Qualitätskosten sind die Summe der Qualitätskostengruppen, diese setzen sich aus verschiedenen Qualitätskostenarten zusammen, die Kostenarten lassen sich weiter in Qualitätskostenelemente gliedern. Die Gliederungstiefe des Qualitätskostensystems läßt sich je nach den betrieblichen Erfordernissen beliebig erweitern.

Abbildung 5.2 gibt eine allgemeingültige Gliederung der Qualitätskosten nach Kostengruppen und Kostenarten wieder, die mit einigen Änderungen aus DGQ (1985) entnommen wurde.

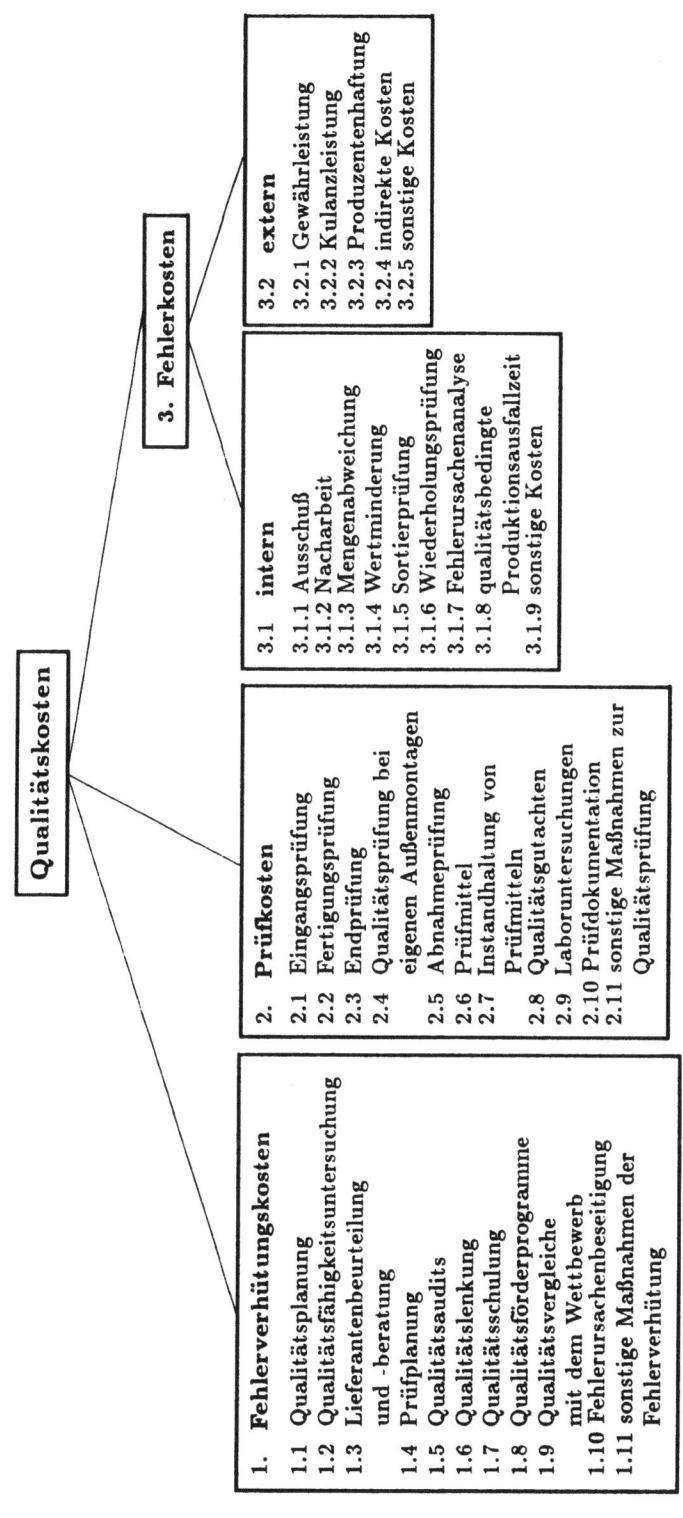

Abbildung 5.2: Gliederung der Qualitätskosten nach Kostengruppen und -arten.

Unter *Fehlerverhütungskosten (Prevention Costs)* versteht man alle Kosten, die für fehlerverhütende und vorbeugende Maßnahmen bei der Sicherung der Produktqualität anfallen. Diese Kosten entstehen nicht nur in der Abteilung Qualitätssicherung, sondern im gesamten Unternehmen. Die Kostenarten, die in ökonomische Modelle der Prozeßkontrolle einfließen müssen, sind die Kosten der Prüfplanung (1.4), der Schulung (1.7) und der Fehlerursachenbeseitigung (1.10).

Prüfkosten (Appraisal Costs) sind Kosten, die bei der Durchführung von Qualitätsprüfungen anfallen. Für unsere Betrachtungen sind in erster Linie die Kostenarten Fertigungsprüfung (2.2), Prüfmittel (2.6), Instandhaltung von Prüfmitteln (2.7) und Prüfdokumentation (2.10) von Interesse.

Als *Fehlerkosten (Failure Costs)* bezeichnet man Kosten, die dadurch verursacht werden, daß die Produkte nicht die Qualitätsanforderungen erfüllen. Nach dem Fehlerentdeckungsort erfolgt eine weitere Untergliederung in interne (innerbetrieblich festgestellte) und externe (außerbetrieblich festgestellte) Fehlerkosten. Die Fehlerkosten fallen in erster Linie außerhalb der Qualitätssicherungsabteilung an. Bei kostenoptimalen Verfahren müssen die internen Kostenarten Ausschuß (3.1.1), Nacharbeit (3.1.2), Wertminderung (3.1.4), Fehlerursachenanalyse (3.1.7), qualitätsbedingte Produktionsausfallzeit (3.1.8) und alle aufgeführten externen Fehlerkostenarten, nämlich Gewährleistung (3.2.1), Kulanzleistung (3.2.2), Produzentenhaftung (3.2.3) und indirekte Kosten (3.2.4), berücksichtigt werden. Die indirekten Kosten werden wegen ihrer sehr problematischen Quantifizierbarkeit in den meisten Qualitätskostensystemen weggelassen, obwohl sie von großer Bedeutung für das Unternehmen sein können.

Welche der aufgeführten Qualitätskostenarten ein Unternehmen berücksichtigen muß, kann individuell verschieden sein. Ebenso ist es möglich, daß ein Betrieb noch zusätzliche Kostenarten in das Qualitätskostensystem aufnehmen muß, um alle relevanten Kosten zu erfassen.

5.2 Qualitätskosten beim kostenoptimalen Prüfverfahren

Bei den Modellen der kostenoptimalen Prozeßkontrolle unterscheidet man, wie bereits in Kapitel 2 erwähnt, drei verschiedene Kostengruppen. Es handelt sich um die Prüfkosten, die Kosten der Inspektion und Erneuerung des Prozesses und die Fehlerkosten.

Wir werden von *modellrelevanten Qualitätskosten* sprechen. Qualitätskosten sind dann *modellrelevant*, wenn es notwendig ist, sie zur Bestimmung eines kostenoptimalen Prüfplanes im Kostenmodell zu berücksichtigen, d.h. wenn es sich herausstellt, daß die optimalen Kontrollparameter von ihnen abhängen.

Es stellt sich die Frage, ob ein Qualitätskostensystem, wie es im vorigen Abschnitt vorgestellt wurde, in der Lage ist, zur Ermittlung der modellrelevanten Qualitätskosten beizutragen. Zuerst muß man untersuchen, ob alle für das Modell benötigten Kostengrößen in der Qualitätskostengliederung enthalten sind. In Abschnitt 5.1.3 gaben wir einen ersten Hinweis, welche Qualitätskostenarten in einem ökonomischen Prüfmodell berücksichtigt werden müssen. Abbildung 5.3 gibt eine Übersicht über die modellrelevanten Qualitätskostengruppen und -arten.

Unter Prüfkosten wollen wir nicht nur die direkt mit der eigentlichen Prozeßprüfung zusammenhängenden Kosten, sondern auch weitere Kosten verstehen.
Am Anfang steht die Planung aller Maßnahmen zur Qualitätsprüfung. Es müssen der Prüfzeitpunkt innerhalb der Fertigung, der Prüfort, die Prüfmittel und die zu messenden Prüfmerkmale festgestellt werden. Dann wird der spezifische Prüfplan erstellt, wobei alle benötigten technischen und Kostengrößen vorher ermittelt werden müssen. Alle mit diesen Tätigkeiten einhergehenden Kosten kann man unter der Kostenart der Prüfplanung (1.1) zusammenfassen.
Bevor man mit der Prüfung beginnen kann, müssen die entsprechenden Prüfmittel eingerichtet (Kostenart 1.4: Prüfmittel) und später auch instandgehalten werden (Kostenart 1.5). Außerdem muß das Prüfpersonal über die neuen statistischen Prüfverfahren unterrichtet werden (Kostenart 1.2: Schulung). Die Kosten der eigentlichen Fertigungsprüfung bilden eine eigene Kostenart (1.3). Schließlich müssen die Prüfergebnisse schriftlich festgehalten werden (Kostenart 1.6: Prüfdokumentation).

Die Kosten der Inspektion und Erneuerung setzen sich aus den Kostenarten der Fehlerursachenanalyse (2.1), Fehlerursachenbeseitigung (2.2) und der qualitätsbedingten Produktionsausfallzeit (2.3) zusammen. Die letzte Kostenart wird unter dieser Kostengruppe aufgeführt, da der Produktionsstillstand annahmegemäß durch eine Inspektion oder Erneuerung bedingt ist.

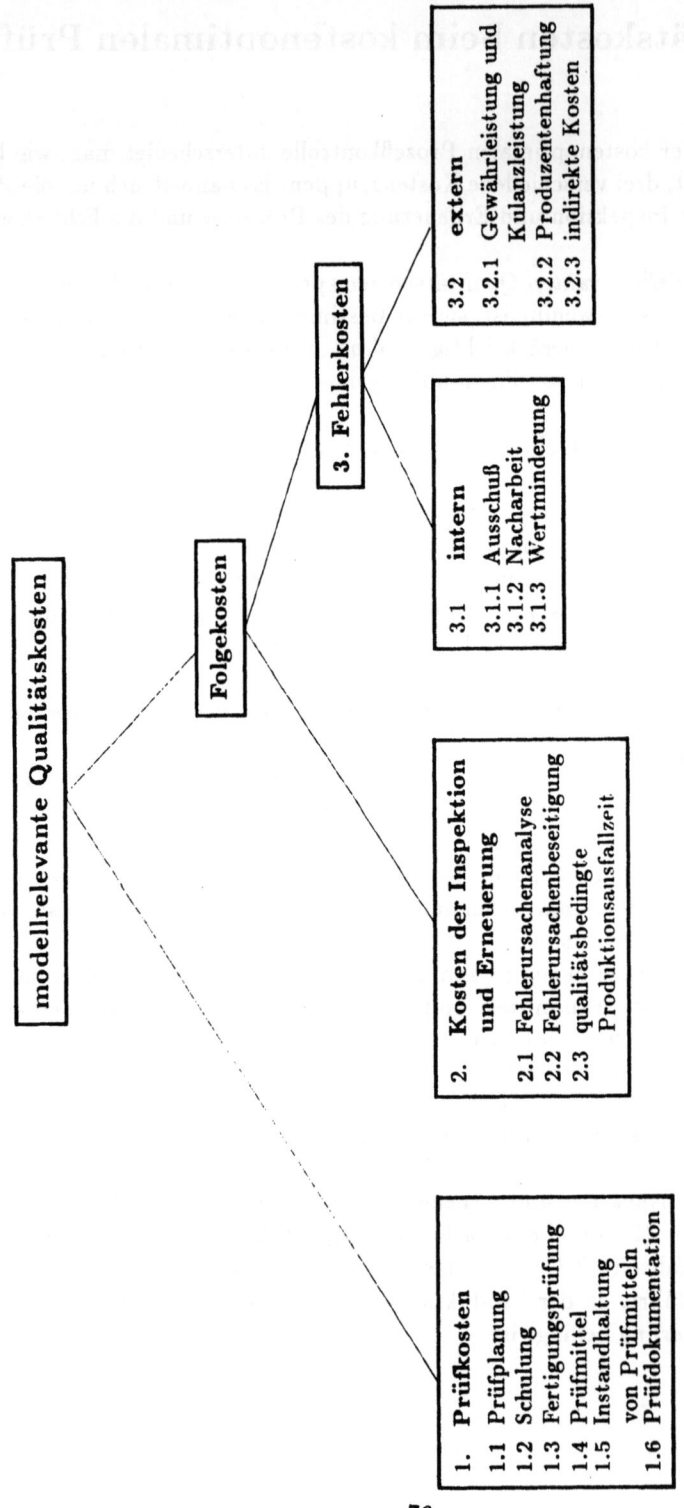

Abbildung 5.3: Gliederung der modellrelevanten Qualitätskosten nach Kostengruppen und -arten

Interne Fehlerkosten entstehen dann, wenn fehlerhafte Produkte festgestellt werden, bevor sie das Unternehmen verlassen. Sie werden in die Kostenarten Ausschuß (3.1.1), Nacharbeit (3.1.2) und Wertminderung (3.1.3) gegliedert. Unter Ausschuß versteht man fertigungsbedingte Fehlprodukte, die nicht verwendet werden können. Zur Nacharbeit zählen die Tätigkeiten, um bei einem Fehlprodukt nachträglich die Qualitätsanforderungen zu erfüllen. Von Wertminderung spricht man, wenn ein fehlerhaftes Produkt noch verwendbar ist, aber nur unter dem regulären Preis verkauft werden kann.

Die externen Fehlerkosten fallen an, wenn der Produktfehler erst außerhalb des Unternehmens festgestellt wird. Hierzu kann man Kosten im Zusammenhang mit Gewährleistungsansprüchen und Kosten aus Kulanzleistungen (Kostenart 3.2.1), Kosten aus Produzentenhaftung (Kostenart 3.2.2) - hierzu gehören auch die Prämien der Produkthaftpflichtversicherungen - und indirekte Kosten (Kostenart 3.2.3) rechnen. Die letzte Kostenart umfaßt so schwer quantifizierbare Kostengrößen wie z.B. Kunden- oder Imageverluste.

Wie man erkennt, sind bereits alle aufgeführten Kostenarten der modellrelevanten Qualitätskosten auch Bestandteil der Gliederung zu den allgemeinen Qualitätskosten in Abschnitt 5.1.3. Es sind nur einige Umänderungen bezüglich der Kostengruppen nötig. So werden zwei Kostenarten der Fehlerverhütungskosten (Prüfplanung und Schulung) in Abbildung 5.2 den Prüfkosten in Abbildung 5.3 und eine Kostenart (Fehlerursachenbeseitigung) den Kosten der Inspektion und Erneuerung zugeordnet. Die Kosten einer qualitätsbedingten Produktionsausfallzeit wurden von der Kostengruppe der Fehlerkosten auf die Kosten der Inspektion und Erneuerung verlagert.
Mit der vorliegenden Gliederung lassen sich alle für kostenoptimale Prüfungen benötigten Kosten erfassen. Ein Vergleich mit der Zusammensetzung der allgemeinen Qualitätskosten zeigt, daß nur ein Teil der Kostenarten übernommen wird.

Auf Grund des unterschiedlichen Aggregationsgrades und des unterschiedlichen Zeitbezuges lassen sich die Kostendaten eines Qualitätskostensystems nicht unverändert auf ein kostenoptimales Prüfverfahren anwenden.
Die Qualitätskostenrechnung faßt die Qualitätsdaten des gesamten Unternehmens zusammen, wohingegen die erwähnten Verfahren detaillierte, auf eine einzelne Prozeßprüfung bezogene Kostengrößen benötigen. Außerdem handelt es sich beim Qualitätskostensystem in der Regel um eine Ex-post-Rechnung, die nur Daten aus einer zurückliegenden Zeitperiode wiedergibt. Zur Erstellung eines kostenoptimalen Prüfplanes benötigt man jedoch im vorhinein die Kostengrößen. Nur eine ausgebaute Qualitätsplankostenrechnung könnte die zukunftsbezogenen Größen liefern. Obwohl eine Entwicklung in diese Richtung wünschenswert wäre, verfügt heute kaum ein Unternehmen über ein derart erweitertes Rechnungswesen.

Zur Brauchbarkeit der Theorie der Qualitätskosten für die Belange der kostenoptimalen Prüfverfahren lassen sich folgende Ergebnisse zusammenfassen:

- Aus dem Qualitätskostensystem läßt sich ein genaues Gliederungssystem der modellrelevanten Qualitätskosten ableiten.

- Auf Grund des unterschiedlichen Aggregationsgrades und Zeitbezuges lassen sich die Kostendaten einer Qualitätskostenrechnung in der Regel nicht in der für kostenoptimale Prüfverfahren benötigten Form entnehmen. Nur in Einzelfällen wird es gelingen, die modellrelevanten Kosten durch Umrechnungen zu ermitteln.

- Nur eine gut ausgebaute Qualitäts*plan*kostenrechnung, die von vornherein auch darauf ausgerichtet ist, die modellrelevanten Qualitätskosten zu erfassen, könnte die benötigten Kostengrößen liefern. Diesen Fall wird man jedoch heutzutage in keinem Unternehmen vorfinden, wobei Wirtschaftlichkeitsgründe eine wichtige Rolle spielen dürften.

- Um die kostenoptimalen Prüfverfahren anwenden zu können, wird man nicht umhin können, die meisten der benötigten Kosten durch Sonderrechnungen zu bestimmen.

5.3 Ermittlung und Schätzung der Kostenparameter

In diesem Abschnitt werden die modellrelevanten Qualitätskosten näher beschrieben. Eine genaue Begriffsabgrenzung der Kostenelemente und die Bildung von Bestimmungsgleichungen sollen die Erfassung und Ermittlung aller relevanten Kosten ermöglichen. Hat man die modellrelevanten Qualitätskosten ermittelt, so müssen diese auf die Kostenparameter des Modells von v. Collani übertragen werden. Daher sollen die Zusammenhänge zwischen beiden Kostengrößen aufgezeigt werden. Es wird auch untersucht, inwieweit das in Kapitel 3 vorgestellte Kostenmodell geeignet ist, die vorliegende Kostenstruktur zu beschreiben.

5.3.1 Grundlegende Begriffe zur Kostenrechnung

Bevor wir zu einer genaueren Beschreibung der für die Qualitätsprüfung relevanten Kosten übergehen, sollen einige der wichtigsten Grundbegriffe der Kostenrechnung vorangestellt werden. Eine genaue Klärung dieser Begriffe erscheint deshalb angebracht, weil einmal saubere terminologische Abgrenzungen späteren Mißverständnissen entgegenwirken und weil zum anderen das Verständnis für die Probleme der Datenbeschaffung für die kostenoptimalen Prüfverfahren erleichtert wird.

Die *Kostenrechnung* als Bestandteil des internen Rechnungswesens hat als Aufgaben die Kontrolle der Wirtschaftlichkeit der betrieblichen Leistungserstellung, die Kalkulation der betrieblichen Leistungen (Ermittlung der Selbstkosten) und die Bereitstellung von Zahlenmaterial für dispositive Zwecke (Ermittlung relevanter Kosten).

Die Kostenrechnung gliedert sich in folgende drei Teilbereiche [3]:

- Die *Kostenartenrechnung* steht am Anfang der Kostenrechnung und dient der Erfassung und Gliederung aller im Laufe der jeweiligen Abrechnungsperiode angefallenen Kostenarten. Sie beantwortet die Frage: W e l c h e Kosten sind insgesamt in welcher Höhe angefallen?

- In der *Kostenstellenrechnung* werden dann die Kosten auf die Betriebsbereiche (Kostenstellen) verteilt, in denen sie angefallen sind. Die Fragestellung lautet also: W o sind welche Kosten in welcher Höhe angefallen?

- Die *Kostenträgerrechnung* hat die Aufgabe, für alle erstellten Güter und Dienstleistungen (Kostenträger) die Stückkosten zu ermitteln. Die Frage lautet hier: W o f ü r sind welche Kosten in welcher Höhe angefallen?

---
[3] Vgl. Haberstock (1987).

Die Kostenrechnungssysteme werden gewöhnlich in zweifacher Hinsicht unterschieden: Zum einen nach dem Zeitbezug der verrechneten Kosten (vergangenheits- oder zukunftsbezogene Kosten) in Istkosten-, Normalkosten- und Plankostenrechnungssysteme und zum anderen nach dem Sachumfang der auf die Kostenträger verrechneten Kosten (alle oder nur Teile der Kosten) in Vollkosten- und Teilkostenrechnungssysteme.

In einer *Istkostenrechnung* werden die tatsächlich angefallenen Kosten der Periode im nachhinein mengen- und/oder wertmäßig erfaßt.
Als *Normalkosten* bezeichnet man Kosten, die als Durchschnittsgrößen aus den Istkosten vergangener Perioden abgeleitet werden und eine Nivellierung der Verbrauchs- und/oder Wertkomponente der Kosten beinhalten.
Im Gegensatz zu den Ist- und Normalkosten sind die *Plankosten* zukunftsbezogene (erwartete oder angestrebte) Kosten, die methodisch geschätzt werden. Nach der Berücksichtigung von Beschäftigungsänderungen unterscheidet man zwischen starrer Plankostenrechnung (Ausrichtung nach einer Planbeschäftigung) und flexibler Plankostenrechnung (Anpassung an Beschäftigungsänderungen).
Die kostenoptimalen Prüfverfahren benötigen Plankosten, da die Kostendaten bereits bei der Erstellung des Prüfplanes bekannt sein müssen.

Ein Kostenrechnungssystem, das alle angefallenen Kosten auf die Kostenträger verrechnet, wird *Vollkostenrechnung* genannt. Die Gegenüberstellung von Kosten und Erlösen dient zur Ermittlung von Nettoerfolgen.
Von einer *Teilkostenrechnung* spricht man, wenn den Produkterlösen jeweils nur ganz bestimmte Teile der insgesamt angefallenen Kosten gegenübergestellt werden, um Bruttoerfolge (Deckungsbeiträge) zu ermitteln. Alle Kosten werden erfaßt, aber ihre Verrechnung erfolgt in sehr differenzierter Weise und nicht nur auf die Endprodukteinheiten.

Wir werden den sog. *wertmäßigen Kostenbegriff* verwenden. Danach werden die *Kosten als bewerteter leistungsbezogener Güterverbrauch* bezeichnet. In dieser Definition werden die drei zwingenden Merkmale des Kostenbegriffs genannt.
Dieser Kostenbegriff kann mit einer Einschränkung für die modellrelevanten *Qualitätskosten* übernommen werden. Die externen Fehlerkosten fallen nicht unter den wertmäßigen Kostenbegriff, wenn diese Kosten nicht durch entsprechende Versicherungsleistungen abgedeckt sind. Diese Qualitätskostenart zählt vielmehr zu den geschäftsneutralen Aufwendungen (genauer: außerordentliche Aufwendungen), die wegen ihres schwankenden Anfalls, ihres unvorhersehbaren Eintritts oder ihrer außerordentlichen und nicht abschätzbaren Höhe keinen Eingang in die Kostenrechnung [4] finden.

· Die gesamten Kosten lassen sich nach den verschiedensten Gesichtspunkten einteilen. Davon betrachten wir die Kriterien, die für die Klassifizierung der modellrelevanten Qualitätskosten wichtig sein können.
Nach der Abhängigkeit von bestimmten Kosteneinflußgrößen (Bezugsgrößen) unter-

---

[4] wohl aber in die Finanzbuchhaltung.

scheidet man zwischen fixen und variablen Kosten. *Fixe Kosten* sind in ihrer Höhe unabhängig, *variable Kosten* sind abhängig von Veränderungen der Kosteneinflußgrößen. Wie wir im nächsten Abschnitt sehen werden, werden wir in dieser Arbeit als Bezugsgröße verschiedene Tätigkeiten (Prüfung, Inspektion, Reparatur) wählen, die mit der Qualitätsprüfung zusammenhängen. Diese Vorgehensweise weicht von dem üblichen Verfahren in der Kostenrechnung (als Einflußgröße wird meistens die Ausbringungsmenge gewählt) deutlich ab, doch läßt sie sich mit der vorliegenden Definition durchaus in Einklang bringen.

Ein weiteres Gliederungskriterium der Kosten ist die Zurechnung oder Zurechenbarkeit auf Kalkulationsobjekte (in der Regel eine Endprodukteinheit als Kostenträger). *Einzelkosten* sind nach dieser Betrachtungsweise solche Kosten, die einem bestimmten Kalkulationsobjekt eindeutig zurechenbar oder - nach anderer Begriffsauslegung - tatsächlich zugeordnet werden. Einzelkosten müssen dem Verursachungsprinzip [5] in hohem Maße genügen.
Gemeinkosten fallen dagegen für mehrere Kalkulationsobjekte gemeinsam an und können auch bei Anwendung genauer Erfassungsmethoden nicht für die einzelnen Kalkulationsobjekte gesondert erfaßt werden. Bei der Vollkostenrechnung erfolgt die Verrechnung der Gemeinkosten auf einzelne Kalkulationsobjekte im Wege der Kostenschlüsselung. Bei unseren Betrachtungen werden die Kalkulationsobjekte weitgehend mit den oben erwähnten Bezugsgrößen übereinstimmen.

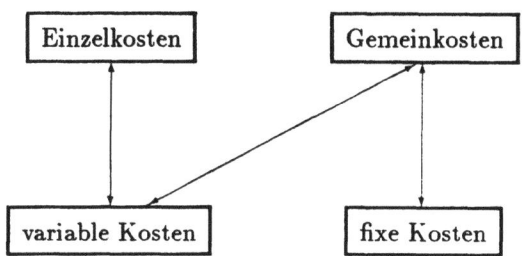

Abbildung 5.4: Beziehungen zwischen Einzel-/Gemeinkosten und fixen/variablen Kosten

Zu den Beziehungen zwischen fixen/variablen Kosten einerseits und den Einzel-/Gemeinkosten andererseits läßt sich folgendes sagen: Da Einzelkosten durch eine Betrachtungseinheit verursacht werden, zählen sie eindeutig zu den variablen Kosten. Gemeinkosten können sowohl variabel als auch fix sein. In umgekehrter Richtung läßt sich feststellen, daß fixe Kosten immer Gemeinkosten sein müssen, denn sie werden nicht durch eine einzelne Leistung, sondern durch die Aufrechterhaltung der Betriebsbereitschaft verursacht. Diese Beziehungen werden in Abbildung 5.4 wiedergegeben.

---

[5] Danach werden dem einzelnen Kostenträger nur jene Kosten zugerechnet, die dieser verursacht hat.

5.3.2 Zusammenhang zwischen den modellrelevanten Qualitätskosten und den Kostenparametern des Modells

In Abschnitt 5.2 wurde eine allgemeine Gliederung der modellrelevanten Qualitätskosten mit einer Unterteilung in Kostengruppen und -arten vorgestellt. Diese Kostenzusammensetzung folgt der bei kostenoptimalen Prüfverfahren üblichen Kostenstruktur. Liegen die Kostengrößen in dieser Form und im richtigen Aggregationsgrad und Zeitbezug vor, so hat man bereits einen wichtigen Schritt in Richtung Bestimmung eines kostenoptimalen Prüfplanes getan.

Der nächste Schritt ist die Übertragung der vorliegenden Kostendaten in das Kostenmodell. Es geht um die Frage, welche Kostengruppen und -arten in welcher Höhe in die Kostenparameter einfließen sollen. Wir werden das in Kapitel 3 dargestellte Kostenmodell von v. Collani zugrundelegen. Die Fragestellung lautet in diesem Fall: Welche modellrelevanten Qualitätskosten gehen in die primären ökonomischen Parameter und schließlich in die ökonomischen Schlüsselparameter des Modells von v. Collani ein?

Ein wichtiger Aspekt bei der Darlegung dieser Zusammenhänge ist die weitere Unterteilung der Kosten in fixe und variable Kosten.

Prüfkosten

Die gesamten Prüfkosten gehen in den Schlüsselparameter a^* und den primären Parameter c_1 ein. Die Stichprobenkosten einer Einheit, a^*, stellen dabei die variablen Kosten dar, während die fixen Stichprobenkosten c_1 den anderen Teil der Kosten enthalten.

Hier stellt sich bereits das Problem der genauen Abgrenzung der *variablen* und *fixen* Kostenbestandteile. Zuerst muß die *Bezugsgröße* festgestellt werden. Da wir hier die Prüfkosten betrachten, bietet sich als Einflußgröße *die Prüfung eines Stückes* an. Die *variablen Prüfkosten* sind also in ihrer Höhe abhängig vom Stichprobenumfang, während die *fixen Prüfkosten* unabhängig davon sind.

Diese Kosteneinteilung läßt sich auch durchaus mit den o.g. Kostenparametern in Einklang bringen. a^* wird im Kostenmodell als proportional und damit variabel zum Stichprobenumfang n definiert. Dies entspricht der obigen Begriffsabgrenzung. Problemlos ist auch die Einbeziehung der fixen Prüfkosten in den Parameter c_1, der bereits im Modell als fix bezüglich der Zeiteinheit definiert wird.

Damit scheint das Problem der richtigen Zuweisung der Prüfkosten gelöst zu sein: Jeder als variabel erkannte Kostenteil wird in a^*, jeder fixe Kostenteil in c_1 berücksichtigt. Doch auch diese Begriffsabgrenzung birgt eine gewisse Problematik in sich, die wir in Abschnitt 5.3.3 näher beleuchten werden. Man kann z.B. nicht typische Fixkosten wie die Lohnkosten allein dem fixen Kostenparameter c_1 zuweisen. Das würde im vorliegenden Modell bedeuten, daß die Lohnkosten gänzlich unabhängig vom Stichprobenumfang sind. Der Lohnkostenaufwand für die Stichprobenprüfungen wäre immer gleich, auch wenn der Stichprobenumfang ins Unendliche wachsen würde.

Dieses Problem läßt sich nur dann lösen, wenn man nicht streng an einer Trennung zwischen fixen und variablen Kosten festhält. Das Ziel dieser Untersuchungen soll die richtige Ermittlung aller relevanten Kostengrößen sein, um die Erstellung kostenoptimaler Prüfpläne zu ermöglichen. Demzufolge würde man es hier zulassen, daß die Lohnkosten ganz oder teilweise in a^* und/oder in c_1 eingehen würden. Diese Differenzierungen resultieren auf Grund unterschiedlicher Produktionsbedingungen.

Als Ergebnis dieser Ausführungen kann man festhalten: Die variablen Prüfkosten werden in a^*, die fixen Prüfkosten in c_1 und teilweise auch in a^* berücksichtigt. Eine genaue Beschreibung der Kostenarten und -elemente erfolgt in Kapitel 6.

Kosten der Inspektion und Erneuerung

Zur Berücksichtigung der Kosten der Inspektion und Erneuerung gibt es folgende Kostenparameter, die in Kapitel 3 beschrieben worden sind: a_1, a_2, a_3 für den variablen Teil der Kosten und c_1, c_2 für den fixen Teil.
Zuerst muß wieder die Einteilung in *variable* und *fixe* Kosten geklärt werden. Als *Bezugsgröße* wird *eine Inspektion* bzw. *eine Erneuerung (Reparatur)* gewählt.
Die variablen/fixen Kosten sind also in ihrer Höhe abhängig/unabhängig von der Anzahl der Inspektionen bzw. Erneuerungen. Die variablen Kostenteile der Inspektion werden je nach dem vorliegenden Zustand in a_1 oder a_2 berücksichtigt, der fixe Teil ist in c_1 enthalten. Die variablen Reparaturkosten gehen in a_3, die fixen Kosten in c_2 ein. Zur Problematik der Berücksichtigung aller relevanten Kosten sei auf die Ausführungen im vorigen Abschnitt verwiesen.

Fehlerkosten

Im Kostenmodell von v. Collani gibt es keine Parameter, die die Fehlerkosten explizit enthalten. Nur die Kosten einer Wertminderung, ausgedrückt durch die Differenzgröße $(g_1 - g_2)$, gehen in die Bestimmungsgleichung für den Schlüsselparameter b^* ein. Um dennoch eine adäquate Berücksichtigung aller Fehlerkosten zu erreichen, kann man sämtliche Fehlerkosten als Summe der Differenzgröße $(g_1 - g_2)$ zuweisen. Besser wäre es, anstelle von $(g_1 - g_2)$ einen neuen Parameter zu bilden, der die Summe der Fehlerkosten explizit aufweist. Hinter diesem Parameter müßte ein System von Bestimmungsgleichungen stehen, das alle relevanten Kostenarten und -elemente erfaßt. Die Beschreibung eines solchen Systems erfolgt in Kapitel 6.

5.3.3 Änderungen am Kostenmodell

Um aus der Sicht der Kostenrechnung eine sachlich richtige und genaue Erfassung aller modellrelevanten Qualitätskosten zu ermöglichen, erscheint es zweckmäßig, einige Änderungen des in Kapitel 3 dargestellten Kostenmodells vorzunehmen. Nachfolgend werden einige Vorschläge zur Umgestaltung des Kostenmodells gegeben.

In dem sog. „variablen Stichprobenkostenparameter a^*" müssen neben den echten variablen (zu n proportionalen) auch die fixen (Gemein-)Kosten berücksichtigt werden, und zwar behelfsmäßig auf eine Prüfeinheit zeitanteilsmäßig verrechnet (mit Hilfe von Arbeitszeiten). Andernfalls würden diese fixen Kosten überhaupt nicht den eigentlichen Prüfkosten zugeordnet werden, eine Stichprobenkontrolle wäre sozusagen unabhängig von diesen Kosten. Dies ist sachlich falsch, da durch die Prüfung Produktionskapazitäten gebunden werden, die sonst anderweitig ausgelastet oder stillgelegt werden könnten [6]. Sachlich richtig ist es, bei a^* von einem Vollkostenparameter zu sprechen, der sowohl die variablen wie auch die fixen Kostenteile der Stichprobenprüfung enthält.

In den Bestimmungsgleichungen zu e^* (Kosten eines falschen Alarms) und b^* (Nutzen einer Reparatur) führt eine Berücksichtigung der fixen Kosten in einerseits a_1, a_2, a_3 oder in anderseits c_2 und c_3 letztendlich zum gleichen Ergebnis, da auch c_2 und c_3 arbeitszeit-anteilsmäßig verrechnet werden. Um eine zu a^* einheitliche Terminologie und eine bessere Abgrenzung der Stillstandskosten zu ermöglichen, empfehlen wir auch hier Vollkostenparameter einzuführen, die sowohl die variablen wie auch die fixen Kostenteile der jeweiligen Qualitätsmaßnahme enthalten. Die Kostenparameter a_1 und a_2 unterscheiden sich dann lediglich durch den variablen Kostenteil der Inspektionskosten.

Der Term zu den Stillstandskosten in den Bestimmungsgleichungen zu e^* und b^* müßte genauer (detaillierter) definiert werden, um unterschiedliche Produktions- und Kontrollabläufe berücksichtigen zu können. Das Kostenmodell von v. Collani setzt implizit folgende Bedingungen voraus:

1. Während der kontrollbedingten Stillstandszeit des Produktionsapparates, d.h. die Zeit, in der eine Inspektion oder Reparatur des Prozesses durchgeführt wird, kann der gesamte Prüfapparat nicht anderweitig eingesetzt werden. Das bedeutet, daß der oder die Prüfer, die Prüfmittel und -einrichtungen usw. in dieser Zeit nicht für andere Qualitätsprüfungen oder sonstige Aufgaben im Unternehmen eingesetzt werden können. Nur in diesem beschriebenen Fall wäre es sachlich gerechtfertigt, alle fixen Prüfkostenteile e^* oder b^* anteilsmäßig zuzuweisen.

2. Bei Überschreiten der Eingriffsgrenze in den Qualitätsregelkarten wird sofort der gesamte Inspektions- und Reparaturapparat zur Entdeckung und Behebung des möglichen Prozeßfehlers bereitgestellt und nicht an einer anderen Stelle des Unternehmens eingesetzt. Nur in diesem Fall wäre eine nicht differenzierte Zuordnung

---
[6] Vgl. auch Hahner (1981), S. 47, und Renfer (1976).

aller Kostenelemente von c_2 und c_3 auf e^* bzw. b^* möglich.

Eine Abweichung von den genannten impliziten Annahmen würde zu einer sachlich unrichtigen und ungenauen Ermittlung der ökonomischen Schlüsselparameter führen. Daher muß untersucht werden, wie realistisch diese Annahmen sind.

Zu 1: Eine der Folgen dieser Annahme ist, daß der oder die Prüfer auch während des Produktionstillstandes jederzeit für die Prüfung bereit sein müssen und keine anderen Aufgaben wahrnehmen können. Dies ist z.B. dann der Fall, wenn die alleinige Tätigkeit des Prüfers in der bestimmten Prozeßprüfung besteht. In der Regel wird man jedoch davon ausgehen können, daß eine Arbeitskraft nicht ausschließlich mit dieser Aufgabe beschäftigt ist. Vielmehr wird der Prüfer im Normalfall neben der bestimmten Prozeßprüfung noch weitere Prüf- und/oder andere Tätigkeiten im Unternehmen ausüben. Dann darf man den Stillstandskosten nur den Teil der Lohnkosten des Prüfers zuweisen, der dadurch entsteht, daß der Prüfer während des Stillstandes nicht die bestimmte Prozeßkontrolle durchführen kann. Das Kostenelement des Prüflohnes müßte mit einer spezifischen Zeitgröße multipliziert werden, um sachlich richtig zugewiesen zu werden. Ähnlich verhält es sich mit den anderen Prüfkostenelementen, wobei es z.B. bei den Prüfmitteln durchaus denkbar ist, daß sie nur für die bestimmte Prüfung eingesetzt werden. Dennoch sollte bei allen Kostenelementen eine von den Prozeß- und Kontrollbedingungen abhängige Differenzierung (in Form von unterschiedlichen Zeitkomponenten) möglich sein.

Zu 2: Dieser Inspektions- und Reparaturablauf ist in der Praxis durchaus denkbar. Man denke z.B. an einen Mitarbeiter, der sowohl die Inspektion als auch die Reparatur durchführt. Dies ist aber nur eine von vielen möglichen Vorgehensweisen bei der Inspektion und Reparatur. Deshalb wird auch hier eine differenzierte Betrachtung empfohlen.

Auf Grund der vorhergehenden Ausführungen werden folgende Änderungen am Kostenmodell von v. Collani vorgeschlagen:

1. Anstelle der variablen Kostenparameter werden sog. Vollkostenparameter in das Modell eingefügt.

2. Der Stillstandskosten-Term muß neu formuliert und stärker differenziert werden.

3. Anstelle der Gewinndifferenz $(g_1 - g_2)$ wird ein neuer Parameter für die Fehlerkosten eingeführt.

Zum zweiten Punkt stellt sich die Frage, wie stark die Differenzierung sein sollte. Eine genaue Verrechnung der Stillstandskosten ist nur möglich, wenn man zu jedem Kostenelement der fixen Kostenparameter c_1, c_2, c_3 und c_4 eine spezifische Zeitgröße bildet, die eine sachlich richtige Zuordnung der Stillstandskosten erlaubt. Diese Zeitparameter stellen die Zeit dar, während der z.B. die Arbeitskräfte oder Betriebsmittel wegen der durch die Inspektion und/oder Reparatur bedingten Stillstandszeit nicht eingesetzt werden können. Man erkennt jedoch, daß der Aufwand zur Bestimmung der zahlreichen spezifischen Verrechnungszeiten sehr hoch sein kann, wenn die Anzahl der Kostenelemente groß ist.

Darüber hinaus erweist sich die Bestimmung der Zeitgrößen für die fixen Stichprobenkosten als unmöglich: Die Verrechnungszeiten lassen sich erst dann ermitteln, wenn die Stichprobendauer pro Stück, der Stichprobenumfang n und der Kontrollabstand T bekannt sind. Die beiden letzten Entscheidungsparameter werden jedoch erst durch das kostenoptimale Prüfverfahren bestimmt. Zur Lösung dieses Problems kann man folgendermaßen vorgehen:

- Man muß ungefähr abschätzen, welcher Anteil der fixen Stichprobenkosten den Stillstandskosten zugerechnet werden kann. Dabei kann man sich z.B. mit Erfahrungswerten aus vergleichbaren Qualitätsprüfungen behelfen.
- Wenn die Prozeßprüfung mit dem neuen kostenoptimalen Prüfplan bereits einige Zeit läuft, kann man die geschätzten Verrechnungszeiten mit den tatsächlichen vergleichen. Dann lassen sich die Auswirkungen von falsch vorgegebenen Zeiten untersuchen. Bei großen Unterschieden sollte der Prüfplan neu erstellt werden.

Die Bestimmung der Verrechnungszeiten für c_2 (fixe Inspektionskosten) und c_3 (fixe Reparaturkosten) dürfte weniger problematisch sein. Der genaue Inspektions- und Reparaturvorgang wird bereits vor Erstellung des Prüfplanes festgelegt. Daher können die Zeitgrößen durch Zeitstudien ermittelt werden. Aber auch hier braucht man keine allzu hohen Genauigkeitsanforderungen zu stellen, da Schätzfehler der Kostenparameter nur geringe Auswirkungen auf den Prüfplan und den Gewinn haben [7].

Zur anteiligen Zurechnung der fixen Produktionskosten c_4 werden keine zusätzlichen Verrechnungszeiten benötigt. Hier kann man den für die gesamte Stillstandszeit t_1 oder $(t_2 + t_3)$ maßgeblichen fixen Kostenteil zur Herstellung des zu prüfenden Produktes ansetzen. Diese fixen Kosten werden in der Kostenträgerrechnung ermittelt und dürften in jedem Unternehmen verfügbar sein.

Unter Berücksichtigung der Ausführungen zu den Änderungsvorschlägen werden wir von folgendem geänderten Kostenmodell ausgehen:

a^*: Gesamtkosten einer Stichprobenkontrolle, umgerechnet auf eine Prüfeinheit.

$$e^* = a_1 + t_1(c_1 + c_4) + \sum_{i=1}^{L_{c_3}} t_{c_{3i}}^{e^*} c_{3i}, \tag{5.1}$$

$$b^* = f\frac{v}{\lambda} - (a_2 + a_3) - (t_2 + t_3)(c_1 + c_4) - \sum_{i=1}^{L_{c_2}} t_{c_{2i}}^{b^*} c_{2i} - \sum_{i=1}^{L_{c_3}} t_{c_{3i}}^{b^*} c_{3i}, \tag{5.2}$$

wobei
___
[7] Vgl. dazu die Ausführungen zur Sensitivitätsanalyse in Abschnitt 3.3.

e^*: Kosten eines falschen Alarms.

b^*: Nutzen einer Reparatur.

a_1: Gesamtkosten einer Inspektion in Zustand I.

a_2: Gesamtkosten einer Inspektion in Zustand II.

a_3: Gesamtkosten einer Reparatur.

c_1: fixer Teil der Stichprobenkosten.

c_{2i}: fixer Teil des i-ten Inspektionskostenelements.

c_{3i}: fixer Teil des i-ten Reparaturkostenelements.

c_4: fixe Produktionskosten.

t_1: Zeit der Inspektion in Zustand I.

t_2: Zeit der Inspektion in Zustand II.

t_3: Zeit der Reparatur.

$t^{e^*}_{c_{3_i}}$: Verrechnungszeit des i-ten von L_{c3} Kostenelementen von c_3 bei einem falschen Alarm (Zustand I).

$t^{b^*}_{c_{2_i}}$: Verrechnungszeit des i-ten von L_{c2} Kostenelementen von c_2 in Zustand II während der Reparatur.

$t^{b^*}_{c_{3_i}}$: Verrechnungszeit des i-ten von L_{c3} Kostenelementen von c_3 während der Reparatur.

f: zusätzliche durchschnittliche Fehlkosten pro Stück beim Wechsel von Zustand I zu II.

v: Produktionsgeschwindigkeit.

$1/\lambda$: Verweildauer des Produktionsprozesses in Zustand I.

Es muß im Einzelfall überprüft werden, wie stark die Differenzierung sein sollte, damit die gegebene Kostenstruktur sachlich richtig angepaßt wird und tatsächlich ein *kostenoptimaler* Prüfplan bestimmt werden kann. Dabei ist es wegen der Robustheit des Modells von v. Collani durchaus möglich, daß auch das in Abschnitt 3.2.2 dargestellte einfache Kostenmodell unverändert übernommen werden kann. In diesem Modell wird jeweils nur ein Zeitparameter für die zeitanteilige Verrechnung der fixen Inspektionskosten c_2 (Zeitparameter t_1 oder t_2) und der fixen Reparaturkosten c_3 (Zeitparameter t_3) verwendet.

Kapitel 6

Bestimmung der Kostenelemente

In Abschnitt 5.2 haben wir versucht, eine nach Kostengruppen und -arten geordnete Gliederung aufzustellen, die alle modellrelevanten Qualitätskosten umfaßt. In Abschnitt 5.3.2 wurden die Zusammenhänge zwischen den modellrelevanten Qualitätskosten und den Kostenparametern des Modells von v. Collani dargestellt. Es wurde aufgezeigt, welche Kostenarten in welcher Höhe und Zusammensetzung auf die primären und die ökonomischen Schlüsselparameter verteilt werden müssen.
In diesem Kapitel soll nun der erste Schritt auf dem Weg zur Bestimmung der Kostenparameter untersucht werden. Es geht um die Frage, aus welchen Kostenelementen sich die Kostenarten zusammensetzen. Es werden genaue Begriffsabgrenzungen der Kostenelemente und Formeln zu deren Bestimmung angegeben. Des weiteren sollen die hiermit zusammenhängende Problematik aufgezeigt und mögliche betriebliche Datenquellen genannt werden. Damit schließt sich der Kreis zur Ermittlung der Kostenparameter: Kostenelemente - Kostenarten - Kostengruppen - Kostenparameter.
Am Anfang werden die zwei wichtigsten Kostenelemente beschrieben, die in allen Kostengruppen mehrmals enthalten sind. Es sind dies die Elemente der Personal- und Betriebsmittelkosten. Anschließend erfolgt die Darstellung der restlichen Kostenelemente für jede Kostengruppe getrennt.

6.1 Die Personal- und Betriebsmittelkosten

Die Personal- und Kapitalkosten bilden in aller Regel den Hauptteil der Gesamtkosten eines Unternehmens. Je nach Kostenstruktur des Unternehmens unterscheidet man zwischen lohnintensiver und kapitalintensiver Produktion. Auch bei den mit einer Qualitätsprüfung zusammenhängenden Tätigkeiten sind die Arbeit und das Kapital die wichtigsten Produktionsfaktoren. Die Kostenelemente *Personal* und *Kapital* sind auch in jeder modellrelevanten Qualitätskostengruppe enthalten.
Bevor wir auf die einzelnen Kostenarten und -elemente der Kostengruppen genauer eingehen, wird eine Beschreibung dieser wichtigsten Kostenelemente vorangestellt. Die Ausführungen hierzu lassen sich dann auf alle Kostengruppen übertragen.
Die Kapitalkosten innerhalb der modellrelevanten Qualitätskosten werden von den bei

den Kontrollmaßnahmen der Stichprobe, Inspektion und Reparatur eingesetzten Betriebsmitteln verursacht. Daher werden wir im folgenden von *modellrelevanten Betriebsmittelkosten* sprechen.

6.1.1 Personalkosten

Die Personalkosten umfassen alle Kosten, die durch den Einsatz des Produktionsfaktors Arbeit unmittelbar und mittelbar entstanden sind. Dabei unterscheidet man folgende Hauptgruppen [1]:

- Löhne,
- Gehälter,
- gesetzliche Sozialkosten,
- freiwillige Sozialkosten,
- sonstige Personalkosten.

Bei unseren Betrachtungen bezüglich des kostenoptimalen Prüfverfahrens werden wir von Bruttolöhnen ausgehen, d.h. von Lohnkosten einschließlich gesetzlicher und freiwilliger Sozialkosten.

Hinsichtlich der Zahlungsweise unterscheidet man zwischen Akkordlohn, Zeitlohn und als Mischform den Prämienlohn.
Beim Zeitlohn werden den Arbeitskräften die Ist-Einsatzzeiten (Anwesenheitszeiten abzüglich unbezahlter Pausen) vergütet. In den meisten Fällen wird der Zeitlohn als fester Stundenlohn berechnet. Beim Akkordlohn werden anstelle der Ist-Einsatzzeiten der Arbeitskräfte Vorgabe- oder Sollzeiten vergütet, die sich aus den bearbeiteten Stückzahlen ableiten lassen und sich daher proportional zur Arbeitsleistung verhalten. Bei den Tätigkeiten, die im Zusammenhang mit der kostenoptimalen Qualitätsprüfung stehen, wird der Akkordlohn nicht angewandt. Bei der Prozeßkontrolle muß der Prüfer eine vorher genau bestimmte Stückzahl untersuchen, die nicht variieren kann. Die Inspektion und Reparatur des Produktionsprozesses sind ebenso Tätigkeiten, bei denen die Arbeitskräfte keinen Einfluß auf die Häufigkeit der Maßnahmen haben.
Prämienlöhne haben das Ziel, den Leistungsgrad der Arbeitskräfte zu erhöhen und/oder die Qualität des Produktionsergebnisses zu steigern [2].
In dieser Arbeit werden wir im Regelfall vom Bruttozeitlohn ausgehen.

Als nächstes soll die Zurechnungsproblematik der Lohnkosten untersucht werden. Zeitlöhne sind typische zeitfixe Kosten, die auch bezüglich der Stichprobenkontrollen, Inspektionen und Reparaturen fix sind. Eine Änderung der Anzahl dieser Maßnahmen

---

[1] Vgl. Haberstock (1987).
[2] Für eine ausführliche Beschreibung der Personalkosten sei auf die einschlägige Literatur verwiesen (z.B. Kilger (1981)).

hat bis zu einem gewissen Grad keine Auswirkungen auf die Höhe der relevanten Lohnkosten. Erst eine erhebliche Anhebung oder Herabsetzung des Volumens der Maßnahmen würde eine Änderung der Lohnkosten (z.B. durch Einsatz weiterer Arbeitskräfte) zur Folge haben.

Probleme kann die Zuordnung der Lohnkosten in Einzel- und Gemeinkosten bereiten. Um Einzelkosten handelt es sich nur, wenn die betreffenden Arbeitskräfte lediglich bezüglich des zugrundegelegten Kalkulationsobjektes (in diesem Fall: Stichprobenprüfung, Inspektion und Reparatur) tätig sind, und so der Lohn vollständig der Aufgabe zugerechnet werden kann. Diesen Fall kann man für die Praxis in der Regel ausschließen. Die Arbeitskräfte werden dort zumindest für mehrere gleichartige, wenn nicht auch für verschiedenartige Aufgaben zuständig sein. Damit stellt sich die Frage der richtigen Zurechnung der Lohnkosten: Wie kann man den modellrelevanten Teil aus den gesamten Bruttozeitlohnkosten einer Arbeitskraft herausrechnen?

Einen aus technischer und wirtschaftlicher Sicht gerechten Verteilungsschlüssel für Gemeinkosten gibt es nicht. Die Problematik der richtigen Kostenzurechnung hat in der Fachliteratur zu breiten Diskussionen geführt [3]. In der Kostenrechnung behilft man sich vielfach mit Zuschlagsbasen, die eine möglichst verursachungsgerechte Aufteilung der Gemeinkosten ermöglichen. Da die Qualitätssicherung in den meisten Unternehmen eine lohnintensive Abteilung ist, können die Arbeitszeiten als eine geeignete Zuschlagsbasis angesehen werden, die dem Verursachungsprinzip möglichst nahe kommt.

Bei Anwendung dieser Zuschlagsbasis bestehen die Lohnkosten aus einer Zeit- und einer Preiskomponente, wobei der Preis durch den Lohnsatz gegeben ist. Auf der Grundlage dieser kombinierten Werterfassung läßt sich folgende Formel zur Bestimmung der modellrelevanten Lohnkosten angeben:

$$LK_A = \sum_i^L l_i t_i, \qquad (6.1)$$

wobei

LK_A: anteilige Bruttolohnkosten der L Arbeitspersonen, die eine bestimmte Tätigkeit A ausüben.

l_i: Bruttolohnsatz pro Stunde für die Arbeitsperson i einschließlich freiwilliger und gesetzlicher Sozialkosten.

t_i: Arbeitszeitverbrauch der Arbeitsperson i.

Die modellrelevanten Lohnkosten bestehen also aus der Summe der anteiligen Bruttolöhne derjenigen Arbeitskräfte, die an der betreffenden Qualitätsmaßnahme beteiligt sind. Mit Hilfe des Verteilungsschlüssels der Arbeitszeit wird der relevante Teil aus den Bruttozeitlohnkosten ermittelt.

Diese Art der Kostenschlüsselung wird auch später angewandt werden, um den für das

---
[3] Vgl. z.B. Menrad (1972).

Modell der kostenoptimalen Prozeßkontrolle maßgeblichen Teil anderer Kostenelemente zu bestimmen.

Bei der Anwendung der kostenoptimalen Prüfverfahren benötigt man mit wenigen Ausnahmen Plankosten, da die Kostengrößen schon im vorhinein bei der Erstellung des Prüfplanes bekannt sein müssen. Daher stellt sich hier die Frage nach der Möglichkeit der Planung von Lohnkosten. Das Grundschema läßt sich durch zwei Hauptschritte skizzieren [4]:

1. Ermittlung der Planlohnsätze l_i.

2. Ermittlung der Planarbeitszeiten (Standardzeiten) t_i.

Zu 1: Die Laufzeit von Tarifverträgen beträgt in der Bundesrepublik Deutschland in der Regel mindestens ein Jahr. Die Lohnsätze stehen damit für eine längere Zeit fest, so daß eine Bestimmung der Planlohnkosten problemlos sein dürfte. Auch wenn ein Tarifwechsel innerhalb der Geltungsdauer eines Prüfplanes stattfinden sollte, so läßt sich der Zeitpunkt des Wechsels und die Höhe der Lohnänderung in den meisten Fällen gut abschätzen. Auf der einen Seite kann man auf Grund von gesamtwirtschaftlichen Daten und auf Grund von Tarifabschlüssen anderer Regionen und/oder Industriezweige gut absehen, wie hoch die Tarifänderung ausfallen wird. Auf der anderen Seite betragen die Lohnänderungen in Ländern mit niedriger Inflationsrate - wie der Bundesrepublik Deutschland - in der Regel nur wenige Prozente, so daß Schätzfehler nur sehr geringe Auswirkungen auf das gesamte Lohnvolumen haben.
Die Bruttolohnsätze werden in fast allen Unternehmen in der Lohn- und Gehaltsabrechnung erfaßt, die ein Teil des Rechnungswesens ist. Die Ermittlung der modellrelevanten Lohnsätze dürfte damit eine der einfachsten Aufgaben auf dem Wege zur Bestimmung der Kostenparameter sein.

Zu 2: Die Plan-Arbeitszeiten (Standardzeiten) sind nach Haberstock (1974) jene Arbeitszeiten, die bei planmäßiger Produktgestaltung, planmäßigem Arbeitsablauf und planmäßigen Leistungsgraden der Arbeitskräfte für den einzelnen Arbeitsgang erforderlich sind. Ihre Ermittlung setzt zunächst eine gründliche Analyse des Arbeitsablaufes voraus.
In der Plankostenrechnung stehen zwei Gruppen von arbeitswissenschaftlichen Methoden zur Festlegung der einzelnen Standardzeiten zur Verfügung. Sie sollen hier nur kurz beschrieben werden [5].
Analytische Methoden sind durch *betriebsindividuelle* Zeitmessungen und Leistungsgradschätzungen charakterisiert. Zunächst werden Istzeiten am Arbeitsplatz gemessen und Ist-Leistungsgrade (bezogen auf eine Bezugsleistung) bestimmt. Die Multiplikation beider Teile ergibt die Vorgabezeiten. Das Hauptproblem der analytischen Verfahren

---

[4] Vgl. Haberstock (1974), S. 212.
[5] Für Einzelheiten sei auf die umfangreiche arbeitswissenschaftliche Fachliteratur verwiesen, siehe z.B. REFA (1978).

ist die richtige Beurteilung der Leistungsgrade. Als Beispiele dieser Methoden seien die REFA-, BEDAUX-, und MULTIMOMENT-Verfahren genannt.

Synthetische Methoden sind durch Tabellenwerke mit *überbetrieblich* ermittelten Normalzeiten für relativ wenige, einheitliche Bewegungsgrundelemente charakterisiert. Durch additives Zusammenfassen der vorbestimmten Einzelzeiten der Bewegungsgrundelemente erhält man die gesamte Vorgabezeit eines Arbeitsablaufes. Als Beispiel seien das MTM-Verfahren (Methods Time Measurement) und das WF-Verfahren (Work Factor) genannt. Ein wesentlicher Vorteil der synthetischen Verfahren besteht darin, daß die Messung von Istzeiten und die Bildung von Leistungsgraden entfällt. Andererseits ist die exakte Anwendung dieser Verfahren in vielen Fällen sehr aufwendig, weil man eine sehr große Zahl unterschiedlicher Bewegungselemente und Einflußgrößen berücksichtigen muß.

Die endgültigen Vorgabezeiten sollten darüber hinaus noch Zuschläge für Ermüdung, persönliche Bedürfnisse und von der Arbeitskraft nicht beeinflußbare Verzögerungen enthalten und die Auswirkung von Lernvorgängen berücksichtigen. Die Vorgabezeiten beruhen auf Normalleistungsgraden (=100%). Die Arbeitszeit erhält man schließlich als Quotient zwischen Vorgabezeit und Planleistungsgrad (gewöhnlich höher als 100%):

$$Planarbeitszeit = \frac{Vorgabezeit}{Planleistungsgrad}$$

In Anbetracht der Erkenntnis, daß die Personalkosten einen großen Teil der modellrelevanten Qualitätskosten ausmachen, sollte man auf eine möglichst hohe Genauigkeit bei der Ermittlung der Arbeitszeiten achten. Es wird folgende Vorgehensweise vorgeschlagen:

- In der Vorlaufphase der Prozeßkontrolle, während der alle erforderlichen technischen und ökonomischen Daten bestimmt werden, sollten die Istzeiten der Qualitätsmaßnahme (nach Arbeitsgängen getrennt) genau gemessen werden. Es ist anzunehmen, daß sich am Ende dieser Phase die Arbeitszeiten zu einem einigermaßen konstanten Wert stabilisiert haben. Diesen Wert kann man als durchschnittliche Arbeitszeit ohne Berücksichtigung von Leistungsgraden in Formel (6.1) einsetzen.

- Nach Beginn der Qualitätsprüfung sollte eine genaue belegmäßige Erfassung der Arbeitszeiten erfolgen. Auf Grund der so vorliegenden Daten läßt sich die Entwicklung der Arbeitszeiten ablesen. Sollten sich die durchschnittlichen Zeiten ändern, so muß der Prüfplan neu erstellt werden.

Die Ausführungen zu der Arbeitszeitplanung gelten im übrigen sinngemäß auch für die Bestimmung aller anderen Zeitgrößen des ökonomischen Modells.

Betrachtet man die Bestimmungsgleichungen für die ökonomischen Schlüsselparameter in Kapitel 3, so läßt sich folgendes zu den Beziehungen zwischen dem Kostenelement *Personalkosten* und den Kostenparametern des Modells von v. Collani sagen:

Als fixe Kosten werden die Lohnkosten der jeweiligen Qualitätsmaßnahme in den entsprechenden Kostenparametern c_1 (fixe Stichprobenkosten), c_2 (fixe Inspektionskosten) und c_3 (fixe Reparaturkosten) berücksichtigt. Da jedoch diese Kostengrößen in den Bestimmungsgleichungen mit einer Zeitkomponente multipliziert werden, darf man den Parametern nur die Bruttolohnsätze zuordnen.

Darüber hinaus müssen die anteiligen Bruttolohnkosten (einschließlich der Zeitkomponente) auch in den Vollkostenparametern des veränderten Kostenmodells berücksichtigt werden. Daraus ergibt sich dann folgende *Zuordnungsregel* der modellrelevanten Lohnkosten auf die Kostenparameter:

$$LK_S = \sum_i^{L_S} l_{Si} t_{Si} \quad \rightarrow \quad a^*$$

$$\sum_i^{L_S} l_{Si} \quad \rightarrow \quad c_1$$

$$LK_I^1 = \sum_i^{L_{I1}} l_{Ii}^1 t_{Ii}^1 \quad \rightarrow \quad a_1$$

$$LK_I^2 = \sum_i^{L_{I2}} l_{Ii}^2 t_{Ii}^2 \quad \rightarrow \quad a_2$$

$$l_{Ii}^2 \quad \rightarrow \quad c_{2i}$$

$$LK_R = \sum_i^{L_R} l_{Ri} t_{Ri} \quad \rightarrow \quad a_3$$

$$l_{Ri} \quad \rightarrow \quad c_{3i},$$

wobei

LK_S: zeitanteilige Bruttolohnkosten der L_S Prüfer für die Stichprobenprüfung eines Stückes.

l_{Si}: Bruttolohnsatz des i-ten an der Stichprobenprüfung beteiligten Prüfers.

t_{Si}: Arbeitszeit des i-ten Prüfers, die er für die Stichprobenprüfung eines Stückes benötigt.

LK_I^1: Zeitanteilige Bruttolohnkosten von L_{I1} Arbeitspersonen für die Inspektion des Produktionsprozesses bei falschem Alarm (Zustand I).

LK_I^2: Zeitanteilige Bruttolohnkosten von L_{I2} Arbeitspersonen für die Inspektion des Produktionsprozesses in Zustand II.

l_{Ii}^1: Bruttolohnsatz der i-ten Arbeitskraft, die an der Inspektion beteiligt ist (Zustand I).

l_{Ii}^2: Bruttolohnsatz der i-ten Arbeitskraft, die an der Inspektion beteiligt ist (Zustand II).

t_{Ii}^1: Arbeitszeit der i-ten Arbeitsperson, die sie für eine Inspektion benötigt (Zustand I).

t_{Ii}^2: Arbeitszeit der i-ten Arbeitsperson, die sie für eine Inspektion benötigt (Zustand II).

LK_R: Zeitanteilige Bruttolohnkosten von L_R Arbeitspersonen für eine Reparatur des Produktionsprozesses.

l_{Ri}: Bruttolohnsatz der i-ten Arbeitskraft, die an der Reparatur beteiligt ist.

t_{Ri}: Arbeitszeit der i-ten Arbeitsperson, die sie für eine Reparatur benötigt.

6.1.2 Betriebsmittelkosten

Die Betriebsmittelkosten bestehen aus den Komponenten der kalkulatorischen Abschreibungen, kalkulatorischen Zinsen, Instandhaltungs- und Reparaturkosten, Betriebsstoffkosten und den Raumkosten.

Kalkulatorische Abschreibungen

Die *kalkulatorischen Abschreibungen* sind kostenmäßige Äquivalente für die Entwertung langfristig nutzbarer Betriebsmittel. Die Aufgabe der kalkulatorischen Abschreibungen besteht darin, für jede Abrechnungsperiode, während der ein mehrperiodig nutzbares und abnutzbares Betriebsmittel im Kombinationsprozeß eingesetzt ist, den verursachungsgerechten Werteverzehr zu ermitteln [6].

Die Planung der kalkulatorischen Abschreibungen zählt vom theoretischen Standpunkt zu den schwierigsten Teilaufgaben der Kostenplanung. Bis heute gibt es noch keine für den praktischen Gebrauch geeigneten Methoden, um die Entwertungsfaktoren einzeln exakt zu messen.

Wir beschränken uns bei unseren Betrachtungen auf die verbrauchsbedingte Abschreibungsursache, bei der der Nutzungsvorrat mengenmäßig abnimmt. Hierbei unterscheidet man zwischen dem Zeitverschleiß (fixe Kosten) und dem Gebrauchsverschleiß (variable, proportionale Kosten).

Zur Berechnung der kalkulatorischen Abschreibung stehen mehrere Methoden zur Verfügung, mit deren Hilfe der Gesamtwert des Nutzungsvorrats auf die einzelnen Abrechnungsperioden der Nutzungsdauer verteilt wird. Man unterscheidet gewöhnlich folgende Abschreibungsmethoden:

- Lineare Abschreibung,

---

[6]Kilger (1981), S. 398, und Haberstock (1987), S. 95.

- degressive Abschreibung,
- progressive Abschreibung,
- variable Abschreibung.

Hier werden wir die lineare und variable Abschreibungsmethode näher betrachten [7].
Die *lineare Abschreibung* verteilt die Anschaffungs- und Wiederbeschaffungskosten zu gleichen Teilen auf die Jahre der Nutzung. Sie unterstellt einen gleichmäßigen Werteverzehr während der Nutzungsdauer.
Die *variable Abschreibung* (oder Leistungsabschreibung) geht dagegen von einem Werteverzehr in Abhängigkeit von der Inanspruchnahme des Betriebsmittels aus. Der Abschreibungsbetrag wird mit Hilfe des Verhältnisses zwischen Leistungsentnahme in der betreffenden Periode und dem gesamten Leistungsvorrat des Betriebsmittels berechnet. Beide Methoden erfordern die Kenntnis der Anschaffungs- oder Wiederbeschaffungskosten und eine Schätzung der Nutzungsdauer. Bei Vorliegen der praktisch bedeutsamsten Abschreibungsursachen, nämlich des Gebrauchs- und Zeitverschleißs, scheint die variable Abschreibung die geeignetere Methode zu sein. Hiermit gelingt es, die Kosten möglichst verursachungsgerecht den betrieblichen Leistungen zuzuordnen. Die praktische Anwendung scheitert jedoch gewöhnlich daran, den Gesamtnutzungsvorrat zu quantifizieren und die laufende Nutzungsentnahme pro Periode exakt zu messen.
In der Praxis wird in den meisten Fällen die lineare Abschreibungsmethode angewandt. Sie ist rechnerisch einfach und hat den Vorteil, die einzelnen Perioden mit gleichmäßigen Abschreibungsbeträgen zu belasten.
Als Mischform zwischen der linearen und variablen Methode wurde die gebrochene Abschreibungsmethode entwickelt. Sie erfaßt gleichzeitig den Gebrauchsverschleiß in Abhängigkeit von der Beschäftigung und den Zeitverschleiß in Abhängigkeit von der Nutzungsdauer, so daß der Abschreibungsbetrag aus einem fixen und einem variablen (proportionalen) Anteil besteht [8].
Im Regelfall sollte man die vom Unternehmen bereits gewählte Abschreibungsmethode auch für die Belange des kostenoptimalen Verfahrens übernehmen.

Der Zusammenhang zwischen den Abschreibungskosten und dem kostenoptimalen Prüfverfahren ist offensichtlich. Die fixen und variablen Abschreibungs(teil-)beträge werden in den entsprechenden Kostenparametern berücksichtigt. Wir können also folgende allgemeine Regel für die Zuweisung des Kostenelements der Abschreibung vorgeben:

$$A_{S,fix} \rightarrow a^*, c_1$$
$$A_{S,var} \rightarrow a^*$$
$$A_{I,fix} \rightarrow a_1, a_2, c_2$$

---

[7] Für eine ausführliche Darstellung aller Abschreibungsmethoden sei auf die einschlägige Literatur verwiesen, so z.B. auf Haberstock (1987).
[8] Eine ausführliche Beschreibung der gebrochenen Abschreibung findet man bei Haberstock (1974), S. 240 ff.

$$A_{I,var} \rightarrow a_1, a_2$$
$$A_{R,fix} \rightarrow a_3, c_3$$
$$A_{R,var} \rightarrow a_3,$$

wobei

$A_{S,fix}$: fixe Abschreibungskosten der bei der Stichprobenkontrolle eingesetzten Prüfmittel.

$A_{S,var}$: variable Abschreibungskosten der bei der Stichprobenkontrolle eingesetzten Prüfmittel.

$A_{I,fix}$: fixe Abschreibungskosten der bei der Inspektion eingesetzten Inspektionsmittel.

$A_{I,var}$: variable Abschreibungskosten der bei der Inspektion eingesetzten Inspektionsmittel.

$A_{R,fix}$: fixe Abschreibungskosten der bei der Reparatur eingesetzten Reparaturmittel.

$A_{R,var}$: variable Abschreibungskosten der bei der Reparatur eingesetzten Reparaturmittel.

Dabei ist zu beachten, daß die variablen Abschreibungskosten auf die richtige Einflußgröße und die fixen Abschreibungskosten auf die richtige Zeiteinheit umgerechnet werden müssen. Hier wird in der Regel eine Umrechnung des Jahresbetrages der Abschreibung auf die dem Modell zugrundegelegte Zeiteinheit (meistens 1 Stunde) notwendig sein.
Größere Probleme dürfte dagegen die Einordnung der Abschreibungen in die Kategorien Einzel- und Gemeinkosten bereiten. Um Einzelkosten handelt es sich nur, wenn die entsprechenden Betriebsmittel einzig und allein für die bestimmte Stichprobenprüfung, Inspektion oder Reparatur eingesetzt werden. Im anderen Fall sind die Abschreibungen Gemeinkosten. Die Zuweisung der modellrelevanten Teile kann ähnlich wie bei den Lohnkosten mit Hilfe des Kostenschlüssels der Einsatzzeit erfolgen. Dabei werden die Abschreibungskosten in Abhängigkeit von der jeweils eingesetzten Zeit auf die verschiedenen Aufgaben verteilt.

In der Praxis kann man die Abschreibungen aus der Anlagenrechnung oder -kartei entnehmen. Sie enthält alle technisch und wirtschaftlich bedeutsamen Daten der Betriebsmittel, insbesondere die voraussichtliche Nutzungsdauer und die entsprechenden Abschreibungen. Fraglich ist jedoch, ob sie in jedem Fall auch so detailliert ist, daß wirtschaftlich weniger wertvolle Betriebsmittel (wie z.B. Lehren) erfaßt werden. In diesem Fall müßten die Abschreibungsbeträge anhand von Belegen gesondert berechnet werden.

Das Problem der Planung der Abschreibungskosten ist zumindest für die fixen Abschreibungen gelöst. Hier werden die Abschreibungsbeträge für die gesamte Nutzungsdauer im vorhinein genau festgelegt. Probleme dürfte es bei variablen Abschreibungen geben, da die zukünftige Nutzungsentnahme nur schwer zu schätzen ist.
Die Ausführungen zu den Abschreibungen gelten analog für den Fall, daß ein Unternehmen die Betriebsmittel nicht erwirbt, sondern im Rahmen von Leasingverträgen mietet. Die Berechnung der relevanten Kosten gestaltet sich hier mitunter einfacher, da die Leasingbeträge bei Vertragsabschluß feststehen.

Kalkulatorische Zinsen

Die *kalkulatorischen Zinsen* sind das kostenmäßige Äquivalent für die Kapitalbindung in der Unternehmung. Die Notwendigkeit zur Verrechnung dieser Kosten ergibt sich aus der einfachen Überlegung, daß man mit dem im Betrieb eingesetzten Kapital Zinserträge auf dem Kapitalmarkt hätte erzielen können. Da auch beim Erwerb der modellrelevanten Betriebsmittel Kapital gebunden wird, müssen die kalkulatorischen Zinsen im Modell für die kostenoptimale Prozeßkontrolle berücksichtigt werden.

Als Berechnungsgrundlage für die kalkulatorischen Zinsen wird das sog. betriebsnotwendige Vermögen herangezogen. In unserem Fall sind dies die Anschaffungs- oder Wiederbeschaffungskosten der Betriebsmittel.
Nach Art des Wertansatzes lassen sich zwei Methoden der Berechnung der kalkulatorischen Zinsen unterscheiden. Bei der *Restwertverzinsung* werden die Zinsen vom kalkulatorischen Restwert am Ende der jeweiligen Abrechnungsperiode berechnet. Da sich die Restwerte von Jahr zu Jahr um die Abschreibungsbeträge verringern, nimmt die Zinsbelastung ab. Dadurch erreicht man eine gute Annäherung an die wirkliche Kapitalbindung.
Beim Verfahren der *Durchschnittsverzinsung* wird das während der gesamten Lebensdauer eines Betriebsmittels im Durchschnitt gebundene Kapital verzinst. Hier sind die kalkulatorischen Zinsen im Laufe der Zeit konstant. Diese Methode hat den Vorteil der einfacheren Berechnung und gleichmäßigen Zinsverrechnung. Die Frage, welche Methode im Einzelfall den Vorzug erhalten sollte, ist in der Literatur umstritten [9].
Als kalkulatorischer Zinssatz wird heute meistens der gleiche Zinssatz gewählt, der in der Investitionsrechnung als Kalkulationszinssatz verwendet wird. Dieser Zinssatz entspricht der von der Geschäftsleitung festgesetzten Mindestrendite für Investitionen.

Bei den kalkulatorischen Zinsen handelt es sich in jedem Fall um fixe Kosten. Sie sollten also in die entsprechenden Kostenparameter eingehen. Liegen die kalkulatorischen Zinsen als Gemeinkosten vor, so kann die Kostenverschlüsselung wie bei den Abschreibungskosten erfolgen. Es läßt sich somit folgende Regel für die Zuweisung der

---
[9] Vgl. dazu z.B. die kontroversen Meinungen von Haberstock (1987), S. 110, und Kilger (1981), S. 411.

kalkulatorischen Zinsen auf die Kostenparameter des kostenoptimalen Prüfverfahrens aufstellen:

$$Z_S \rightarrow a^*, c_1$$
$$Z_I \rightarrow a_1, a_2, c_2$$
$$Z_R \rightarrow a_3, c_3,$$

wobei

Z_S: kalkulatorische Zinsen der bei der Stichprobenprüfung eingesetzten Prüfmittel.

Z_I: kalkulatorische Zinsen der bei der Inspektion eingesetzten Inspektionsmittel.

Z_R: kalkulatorische Zinsen der bei der Reparatur eingesetzten Reparaturmittel.

Man beachte wiederum die richtige Umrechnung auf die Einflußgrößen und Zeiteinheit des Modells.
Bei der Planung der kalkulatorischen Zinsen kann man auch unmittelbar von der Anlagenrechnung oder -kartei ausgehen. Die Zinskosten werden für einen längeren Zeitraum festgelegt.

Reparatur- und Instandhaltungskosten

Neben den kalkulatorischen Abschreibungen und Zinsen verursacht der Einsatz von Betriebsmitteln *Reparatur- und Instandhaltungskosten*. Hierzu zählen alle Kosten, die der Wartung, Überholung und Wiederinstandsetzung von Betriebsmitteln dienen. Von einer Reparatur, auch Instandsetzung genannt, spricht man, wenn bereits eingetretene Schäden oder Mängel beseitigt werden. Instandhaltungsleistungen haben dagegen überwiegend vorbeugenden Charakter; sie sollen die Betriebsmittel einsatzbereit halten und insbesondere unvorhergesehene Störungen des Betriebsablaufes verhindern [10].

Die Reparatur- und Instandhaltungskosten setzen sich aus Kosten für Reparaturmaterial und Ersatzteile und den Lohnkosten für die Arbeitspersonen zusammen. Die Planung dieser Kosten ist schwierig, da deren Entstehung von einer Vielzahl von Einflußgrößen abhängt [11]. Für Instandhaltungsmaßnahmen läßt sich in der Regel ein genauer Plan angeben, aus dem der genaue Zeitpunkt und der Arbeitsablauf der Tätigkeiten hervorgehen. Dagegen ist es kaum möglich, die Anzahl der Reparaturmaßnahmen genau vorauszusehen, da sie zu vielen stochastischen Einflußgrößen unterliegen. Daher läßt sich zum Zeitpunkt der Erstellung des kostenoptimalen Prüfplanes oft kein

---
[10] Kilger (1981), S. 405.
[11] Kilger (1981), S. 406.

zuverlässiger Wert über die Höhe der zu erwartenden Reparatur- und Instandhaltungskosten angeben. Nur in wenigen Fällen, wenn die Installations- und Vorlaufphase ausreichend lang ist und in dieser Zeit mehrere Reparaturen der Betriebsmittel notwendig sind, kann man die benötigten Kostendaten genau ermitteln. Das kostenoptimale Prüfverfahren setzt die Kenntnis auch dieser Informationen voraus. Auf Grund der Robustheit des Modells ist es jedoch möglich, die Dauer der Vorlaufphase zu verkürzen, indem einzelne Kostenelemente nicht genau, sondern nur näherungsweise geschätzt werden. Um die Reparatur- und Instandhaltungskosten angemessen im Modell zu berücksichtigen, könnte man wie folgt vorgehen:

Bis zum Eintreten der ersten Reparatur- oder Instandhaltungsmaßnahme werden die Kosten gleich Null gesetzt. Sobald tatsächlich Reparatur- oder Instandhaltungskosten entstehen, werden diese auf die voraussichtliche Wirkungsdauer der Maßnahmen zeit- oder leistungsanteilig umgerechnet. Man erhält so praktisch „Abschreibungsbeträge" der Reparatur und Instandhaltung. Der Nachteil dieser Vorgehensweise ist, daß bei jedem neuen Eintreten einer Reparatur- oder Instandhaltungsmaßnahme neue Prüfpläne erstellt werden müssen, um die aktuellen Werte berücksichtigen zu können. Erst wenn die Qualitätsprüfung über einen längeren Zeitraum läuft, lassen sich zuverlässige Werte für die zu erwartenden Kosten angeben.

Die Auflösung der Reparatur- und Instandhaltungskosten in fixe und variable Beträge ist nicht problemlos. Werden die Kosten ausschließlich durch Gebrauchsverschleiß ausgelöst, so sind sie in voller Höhe den variablen Kosten zuzuordnen. Dies gilt insbesondere für Reparaturen, die „planmäßig nach Ablauf einer bestimmten Zahl von Betriebsstunden vorgenommen werden"[12]. Kosten, die ausschließlich durch Zeitverschleiß, z.B. Korrosionseinflüsse, verursacht werden, sind in voller Höhe den fixen Kosten zuzuordnen. Es können jedoch auch beide Verschleißarten auftreten, so daß fixe und variable Kosten entstehen. Hier ist die Kostenauflösung besonders schwierig, da die anteiligen Wirkungen geschätzt werden müssen.

Die Reparatur- und Instandhaltungskosten sind Einzelkosten, wenn die Betriebsmittel ausschließlich für eine Qualitätsmaßnahme (Stichprobe, Inspektion oder Reparatur) eingesetzt werden. Andernfalls handelt es sich um Gemeinkosten, die man wiederum mit Hilfe der Einsatzzeiten anteilig verrechnen muß.

Die Zusammenhänge des Kostenelements *Reparatur und Instandhaltung* und den Kostenparametern des kostenoptimalen Prüfverfahrens werden durch folgende Zuordnungsregel dargestellt:

$$RI_{S,fix} \rightarrow a^*, c_1$$
$$RI_{S,var} \rightarrow a^*$$
$$RI_{I,fix} \rightarrow a_1, a_2, c_2$$
$$RI_{I,var} \rightarrow a_1, a_2$$
$$RI_{R,fix} \rightarrow a_3, c_3$$

---

[12] Kilger (1981), S. 407.

$$RI_{R,var} \quad \rightarrow \quad a_3,$$

wobei

$RI_{S,fix}$: fixe Reparatur- und Instandhaltungskosten für die Stichprobenmittel.

$RI_{S,var}$: variable Reparatur- und Instandhaltungskosten für die Stichprobenmittel.

$RI_{I,fix}$: fixe Reparatur- und Instandhaltungskosten für die Inspektionsmittel.

$RI_{I,var}$: variable Reparatur- und Instandhaltungskosten für die Inspektionsmittel.

$RI_{R,fix}$: fixe Reparatur- und Instandhaltungskosten für die Reparaturmittel.

$RI_{R,var}$: variable Reparatur- und Instandhaltungskosten für die Reparaturmittel.

Die modellrelevanten Reparatur- und Instandhaltungskosten werden in der benötigten Form im Regelfall in keinem Bereich des Rechnungswesens vorliegen. Sie müssen vielmehr durch Sonderrechnungen ermittelt werden.

Betriebsstoffkosten

Als Betriebsstoffkosten werden die Kosten für Materialarten bezeichnet, die dem Betrieb von Maschinen und Anlagen (in dieser Arbeit: der modellrelevanten Betriebsmitteln) dienen, ohne dabei in das Produkt einzugehen. Betriebsstoffkosten bestehen beispielsweise aus folgenden Materialarten: Schmieröl und Fett, Kraftstoff für Fahrzeuge, Heizmaterial, Reinigungsstoffe, Arbeitsschutzkleidung.

Wir wollen darüber hinaus unter diesem Kostenelement auch die Energiekosten für die Betriebsmittel erfassen, die sonst üblicherweise in der Kostenrechnung eine eigene Kostenart bilden. Da die Energiekosten gemäß der obigen Begriffsbestimmung auch zu Betriebsstoffkosten gehören, werden wir im folgenden von dem erweiterten Begriff ausgehen.

Die Betriebsstoffkosten lassen sich in der Regel auf Grund technischer Studien, Messungen und Berechnungen planen. Bei den Schmieröl- und Fettkosten wird z.B. in Schmier- und Ölplänen festgelegt, in welchen Beschäftigungsintervallen die Betriebsmittel zu schmieren oder mit neuem Öl zu versehen sind. Durch Verbrauchsanalysen werden die erforderlichen Mengen in Abhängigkeit von den geplanten Nutzungszeiten bestimmt. Die Verbrauchsmengen des in das betreffende Betriebsmittel eingesetzten Schmieröles oder Fettes werden mit den entsprechenden Anschaffungs- oder Verrechnungspreisen multipliziert. Den größten Teil der Schmieröl- und Fettkosten kann man in Abhängigkeit vom Einsatz des Betriebsmittels zu den variablen (proportionalen) Kosten zählen. Nur ein geringfügiger Anteil der Verbrauchsmengen dient in der Regel zur Aufrechterhaltung der Betriebsbereitschaft. Die hierfür anfallenden Kosten werden den fixen Kosten zugeordnet.

Auch die Energiekosten (in der Regel handelt es sich um Stromkosten) sind mit Hilfe von technischen Studien planbar. Oft geben bereits die Gerätehersteller die genauen Verbrauchsmengen in Abhängigkeit von der Einsatzzeit und -intensität an. Andernfalls müssen die Werte betriebsintern festgestellt werden. Die Energiekosten bestehen entweder nur aus variablen, leistungsabhängigen Kosten oder sowohl aus einem variablen und einem kleinen fixen Teil, der zur Aufrechterhaltung der Betriebsbereitschaft dient. Kosten für stromverbrauchende Aggregate, die nur zur Bereitschaftsleistung dienen, wie z.B. Heizeinrichtungen, Klimaanlagen und Beleuchtungskörper, zählen nicht zu den Betriebsstoffkosten, sondern zu den Raumkosten. Anders als bei den Schmieröl- und Fettkosten erweist sich die Bestimmung der Verrechnungspreise für Energie (besonders für Strom) als sehr kompliziert. Der Preis hängt von vielen Faktoren und von anderen Unternehmensbereichen ab, so daß bezweifelt werden darf, daß bereits bei der Erstellung des kostenoptimalen Prüfplanes der exakte Wert feststeht [13].

Die restlichen Unterelemente der Betriebsstoffkosten lassen sich in ähnlicher Weise ermitteln wie in den beiden dargelegten Beipielsfällen.

Bei den Betriebsstoffkosten handelt es sich um Gemeinkosten, da die Betriebsstoffe nur für das Unternehmen im ganzen angeschafft oder selbst hergestellt werden. Dadurch hängt die Preiskomponente von vielen Unternehmensbereichen gleichzeitig ab und man kann die Kosten nicht einem einzelnen Kalkulationsobjekt direkt zurechnen.

Man darf davon ausgehen, daß in den meisten Unternehmen in der Kostenrechnung die auf die modellrelevanten Betriebsmittel bezogenen Betriebsstoffkosten nicht vorliegen werden. Auch hier sind Sonderrechnungen notwendig, um die Kosten in der für das kostenoptimale Prüfverfahren notwendigen Form zu bestimmen.

Das folgende Schema zeigt die Zusammenhänge zwischen den Betriebstoffkosten und den Kostenparametern des Modells:

$$BS_{S,fix} \rightarrow a^*, c_1$$
$$BS_{S,var} \rightarrow a^*$$
$$BS_{I,fix} \rightarrow a_1, a_2, c_2$$
$$BS_{I,var} \rightarrow a_1, a_2$$
$$BS_{R,fix} \rightarrow a_3, c_3$$
$$BS_{R,var} \rightarrow a_3,$$

wobei

$BS_{S,fix}$: fixe Betriebsstoffkosten für die bei der Stichprobe eingesetzten Prüfmittel.

$BS_{S,var}$: variable Betriebsstoffkosten für die bei der Stichprobe eingesetzten Prüfmittel.

---

[13] Vgl. hierzu ausführlich Kilger (1981), S. 384 ff.

$BS_{I,fix}$: fixe Betriebsstoffkosten für die bei der Inspektion eingesetzten Inspektionsmittel.

$BS_{I,var}$: variable Betriebsstoffkosten für die bei der Inspektion eingesetzten Inspektionsmittel.

$BS_{R,fix}$: fixe Betriebsstoffkosten für die bei der Reparatur eingesetzten Reparaturmittel.

$BS_{R,var}$: variable Betriebsstoffkosten für die bei der Reparatur eingesetzten Reparaturmittel.

Raumkosten

Als letztes Kostenunterelement der Betriebsstoffkosten wollen wir die Raumkosten betrachten. Mit Raumkosten bezeichnet man alle Kosten, die zur Bereitstellung des erforderlichen Raumes in einsatzbereitem Zustand dienen. Sie bestehen u.a. aus den kalkulatorischen Zinsen auf das Gebäude (oder: kalkulatorische Mieten), den Energiekosten und Kosten der Instandhaltung und Pflege der Räumlichkeiten [14].

Hier stellt sich die Frage, ob man die Raumkosten als ein Unterelement der Betriebsstoffkosten betrachten kann und ob die Raumkosten überhaupt im kostenoptimalen Verfahren berücksichtigt werden sollen.

Zum ersten Punkt: Falls Betriebsmittel zum Einsatz gelangen, so werden die Qualitätsmaßnahmen der Stichprobenprüfung, Inspektion und Reparatur immer nur zusammen mit diesen Betriebsmitteln durchgeführt. Der Einsatz der Betriebsmittel steht in unmittelbarem Zusammenhang mit diesen Aufgaben. Daher erscheint es angebracht, die Raumkosten bei den Betriebsstoffkosten zu berücksichtigen. Kommen keine Betriebsmittel zum Einsatz, so müssen die Raumkosten anderen Kostenelementen zugeordnet werden.

Zum zweiten Punkt: Diese Frage läßt sich in ähnlicher Weise beantworten wie bei den kalkulatorischen Zinsen. Durch die verschiedenen Qualitätsmaßnahmen wird ein bestimmter Raum beansprucht, der anderweitig genutzt werden könnte oder auf den man ganz verzichten könnte. Daher muß den modellrelevanten Qualitätskosten ein Teil der Raumkosten zugeordnet werden.

Die Aufgabe der Raumkostenstelle besteht darin, einen angemessenen Teilbetrag der gesamten Raumkosten auf die verschiedenen Kostenstellen zu verteilen. Die Verrechnung erfolgt mit Hilfe der Relation beanspruchte Nutzfläche zur gesamten Nutzfläche. Bei den Raumkosten handelt es sich eindeutig um Gemeinkosten, da sie für die gesamten

---

[14] Bei Kilger (1981), S. 433 ff., findet man einen ausführlichen Kostenplan zur Raumkostenstelle.

Unternehmensgebäude zusammen und in der Regel für bestimmte Zeiträume anfallen. Damit stehen auch die Zusammenhänge zwischen den modellrelevanten Raumkosten und den Kostenparametern des Modells von v. Collani fest. Sie werden im folgenden Schema dargestellt:

$$RK_S \rightarrow a^*, c_1$$
$$RK_I \rightarrow a_1, a_2, c_2$$
$$RK_R \rightarrow a_3, c_3,$$

wobei

RK_S: Raumkosten für die bei der Stichprobenprüfung eingesetzten Prüfmittel.

RK_I: Raumkosten für die bei der Inspektion eingesetzten Inspektionsmittel.

RK_R: Raumkosten für die bei der Reparatur eingesetzten Reparaturmittel.

Probleme ergeben sich bei der Planung der Raumkosten. Für die Zuordnung der Raumkosten auf die verschiedenen Kostenstellen werden die Verrechnungssätze (Preise) der innerbetrieblichen Leistungen benötigt. Das bedeutet, daß bei einer zu planenden Kostenstelle zunächst die Nutzfläche nach Art und Größe festzustellen ist. Die Verrechnungspreise für die Bereitstellung dieser Nutzfläche sind aber erst bekannt, nachdem im Rahmen der innerbetrieblichen Leistungsverrechnung die Hilfs-Kostenstelle *Grundstücke und Gebäude* planerisch abgeschlossen ist, also ein Gemeinkostenplan für diese Kostenstelle vorliegt [15]. Für die Ermittlung der genauen zukünftigen Raumkosten ist man also in jedem Fall auf das Vorhandensein einer Plankostenrechnung im Unternehmen angewiesen. Auch mit Hilfe von Sonderrechnungen kann man nicht die erforderlichen Verrechnungspreise bestimmen. Da in vielen Unternehmen das Rechnungswesen noch nicht zu einer Plankostenrechnung ausgebaut ist, erweist sich daher die Ermittlung der Raumplankosten als besonders schwierig.

Auch wenn die Verrechnungspreise bekannt sind, werden zusätzliche Sonderrechnungen notwendig sein, um die Kostendaten in die für das Modell benötigte Form umzurechnen. Da die Arbeitsstellen für die Qualitätsmaßnahmen im Normalfall keine eigenen Kostenstellen darstellen, sondern nur ein Teil davon sind, muß eine weitere Verrechnung der Raumkosten der Kostenstellen mit Hilfe der Nutzflächen auf die betreffenden Arbeitsstellen erfolgen. Werden die Arbeitsstellen nicht nur von den Qualitätsmaßnahmen, sondern auch von anderen Tätigkeiten des Unternehmens beansprucht, ist eine weitere Verteilung der Raumkosten in Abhängigkeit von der jeweiligen Einsatzzeit notwendig. Dies ist für die Stichprobenprüfung besonders problematisch: Eine exakte Planung der für die Prozeßkontrolle benötigten Prüfzeit ist unmöglich, da die gesamte Prüfzeit (insbesondere der Stichprobenumfang n und der Kontrollabstand T) erst nach Bestimmung

---

[15] Haberstock (1974), S. 245.

des kostenoptimalen Prüfplanes bekannt ist. Im Einzelfall wird man sich mit Erfahrungswerten aus der Vergangenheit behelfen müssen.

Damit haben wir alle Kostenunterelemente der Betriebsmittelkosten beschrieben. Die gesamten Betriebsmittelkosten setzen sich aus folgenden Teilgrößen zusammen:

$$BK = A + Z + RI + BS + RK. \tag{6.2}$$

6.2 Prüfkosten

In diesem Abschnitt sollen die in Abschnitt 5.2 vorgestellten Kostenarten der Prüfkosten näher beschrieben werden. Es werden Hinweise zu deren Ermittlung gegeben und die Zusammenhänge mit den Kostenparametern des Modells der kostenoptimalen Prozeßkontrolle aufgezeigt.

Einige der Kostenarten setzen sich lediglich aus Personal- und/oder Betriebsmittelkosten zusammen, so daß auf die Ausführungen im vorigen Abschnitt verwiesen werden kann. Bei den anderen Kostenarten ist eine ausführliche Darstellung notwendig, da weitere Kostenelemente berücksichtigt werden müssen.

6.2.1 Kosten der Prüfplanung

Diese Kosten werden in der Literatur zur Qualitätskostenrechnung gewöhnlich als Teil der Fehlerverhütungskosten betrachtet. Um eine einfache Zuordnung zu den Kostenparametern zu ermöglichen, wollen wir dagegen die Kosten der Prüfplanung zu dem erweiterten Begriff der Prüfkosten zählen.

Die Kosten der Prüfplanung sezten sich zum einen aus den Kosten der Qualitätsplanung vor Beginn der Fertigung und zum anderen aus den Kosten der Erstellung des kostenoptimalen Prüfplanes zusammen.

Die Tätigkeiten und Maßnahmen der *Qualitätsplanung* „umfassen die Auswahl, Klassifizierung und Gewichtung der Qualitätsmerkmale sowie die Festlegung ihrer geforderten und ihrer zugelassenen Werte im Hinblick auf die durch die Anwendung gegebenen Erfordernisse und auf die Ausführungsmöglichkeiten" [16].

Unter dem anderen Teil der Kosten der Prüfplanung sollen alle mit der Erstellung des betreffenden Prüfplanes zusammenhängenden Kosten verstanden werden. Insbesondere handelt es ich um Kosten, die während der Vorlaufphase bei der Ermittlung der Zeit-, Kosten- und technischen Größen anfallen. Die Kosten der Nullserienproduktion, die während der Vorlaufphase läuft, dürfen nicht der Qualitätsprüfung zugerechnet werden. Sie sind vielmehr Bestandteil der Produktionskosten.

Man erkennt, daß sich die Kosten der Prüfplanung aus einer Vielzahl von Kostenelementen zusammensetzen, deren genaue Ermittlung sehr aufwendig sein kann.
Für die Bestimmung der Kosten der Prüfplanung bieten sich zwei Verfahren an:

1. Man führt während der Vorlaufphase eine genaue belegmäßige Erfassung aller Kosten durch, die im Zusammenhang mit der Prüfplanung stehen. Darüber hinaus muß eine Verrechnung der fixen Kosten und Gemeinkosten, wie z.B. der Personalkosten, erfolgen.

---
[16]DGQ (1985), S. 14.

2. Man berechnet einen Verrechnungssatz der Kostenstelle *Qualitätssicherung*, der alle Kosten dieser Abteilung enthält. Anschließend erfolgt eine zeitanteilige Zurechnung auf die Kosten der Prüfplanung.

Das erste Verfahren liefert exaktere Kostendaten, ist jedoch sehr aufwendig. Die zweite Alternative ermöglicht eine weitaus einfachere Ermittlung der Kosten bei einem geringeren Grad an Genauigkeit.
Da bereits eine größenordnungsmäßige Bestimmung der ökonomischen Schlüsselparameter des Modells von v. Collani den Anforderungen genügt [17], sollte das zweite Verfahren gewählt werden.
Diese Vorgehensweise setzt zwei Bedingungen voraus. Zum einen muß in der betrieblichen Kostenrechnung eine eigenständige Kostenstelle für die Abteilung *Qualitätssicherung* vorhanden sein. Zum anderen sollte die Aufgabe der Prüfplanung ausschließlich der Qualitätssicherungsabteilung obliegen. Andernfalls müßten auch die Kosten von anderen betroffenen Stellen verrechnet werden.

Der Verrechnungsatz der Kostenstelle *Qualitätssicherung* läßt sich wie folgt berechnen:
$$k_{QS} = \frac{GK_{QS}}{t_{QS}},$$
wobei

k_{QS}: Kostenverrechnungssatz der Qualitätssicherungskostenstelle.

GK_{QS}: Summe der gesamten Kosten der Qualitätssicherungskostenstelle.

t_{QS}: Gesamter Arbeitszeitverbrauch in der Qualitätssicherungskostenstelle.

Da eine Verrechnung der Kosten der Qualitätssicherungsabteilung notwendig ist, sind die Kosten der Prüfplanung Gemeinkosten.
Die Kosten der Prüfplanung erhält man, indem man den Verrechnungssatz k_{QS} mit der Zeit multipliziert, während der die Qualitätssicherungsabteilung für die bestimmte Prüfplanung eingesetzt wird:
$$PlK_{Pr} = t_{Pl}\, k_{QS}, \qquad (6.3)$$
wobei

PlK_{Pr}: Kosten der Prüfplanung für die kostenoptimale Prozeßprüfung.

t_{Pl}: Zeit, in der die Qualitätssicherungsabteilung für die Prüfplanung tätig ist.

Die Einsatzzeit t_{Pl} muß während der Vorlaufphase belegmäßig erfaßt werden. Falls nur Teile der Personal- und Betriebsmittel der Qualitätssicherungsabteilung zur Prüfplanung eingesetzt werden, so muß eine entsprechende weitere Verrechnung der Kosten erfolgen.

---

[17] Vgl. die Ergebnisse der Sensitivitätsanalyse in Abschnitt 3.3.

Hier stellt sich die Frage, ob und ggf. wie die Kosten der Prüfplanung PlK_{Pr} adäquat auf die Zeit und die Kostenparameter des Modells verteilt werden können. Die Prüfplanung steht ganz am Anfang der Maßnahmen zur Qualitätssicherung. Sie stellt einen einmaligen, nicht wiederkehrbaren Vorgang dar. Als Zielfunktion benutzt v. Collani den durchschnittlichen Gewinn pro Stück *auf lange Sicht*. Die Funktion besteht aus dem Quotienten der Erwartungswerte von G (Gewinn pro Erneuerungszyklus) und N (Anzahl der produzierten Stücke pro Erneuerungszyklus) [18]. Alle *einmalig anfallenden* Kosten fallen bei der Grenzwertbildung weg. Das bedeutet in diesem Fall, daß auch die Kosten der Prüfplanung als einmalige Kosten in der Zielfunktion nicht berücksichtigt werden, da sie auf die optimalen Kontrollparameter keine Auswirkung haben. Die Kosten der Prüfplanung sind also *nicht modellrelevant*.

6.2.2 Kosten der Qualitätsschulung

Im Rahmen der Qualitätsschulung sollen die Prüfer die Grundsätze und Methoden der statistischen Qualitätssicherung und insbesondere den Umgang mit den Verfahren der kostenoptimalen Prozeßkontrolle erlernen. Die Schulungen können betriebsintern oder auch extern, z.B. im Rahmen eines Lehrgangs der Industrie- und Handelskammer oder der Deutschen Gesellschaft für Qualität, durchgeführt werden.

Für die Qualitätsschulung können Lehrgangsgebühren, Reisekosten, Lohn- und Gehaltskosten für Ausfallzeiten der Mitarbeiter und sonstige Kosten anfallen. Die Bestimmungsgleichung für das Kostenelement *Qualitätsschulung* lautet also:

$$Sch_{Pr} = L_{Sch} + R_{Sch} + \sum_{i}^{L} l_i^{Sch} t_i^{Sch} + Sch_{sonst}, \qquad (6.4)$$

wobei

Sch_{Pr}: Kosten der Qualitätsschulung für den oder die Prüfer, bezogen auf die Durchführung des bestimmten Prüfplanes.

L_{Sch}: Lehrgangsgebühren für die teilnehmenden Prüfer.

R_{Sch}: Im Rahmen der Qualitätsschulung anfallende Reisekosten für die Prüfer.

l_i^{Sch}: Bruttolohnsatz des i-ten für die Prozeßprüfung zuständigen Prüfers.

t_i^{Sch}: Arbeitsausfallzeit des i-ten an der Schulung teilnehmenden Prüfers.

Sch_{sonst}: Sonstige Kosten der Qualitätsschulung bezüglich des bestimmten Prüfplanes.

Hier kann man die vergangenheitsbezogenen Istkosten ansetzen, da die Kosten bereits

---

[18]Vgl. dazu die Ausführungen in Abschnitt 3.2.3.

bei Erstellung des Prüfplanes feststehen. Die Qualitätsprüfung kann erst beginnen, wenn auch die Prüfer entsprechend ausgebildet worden sind.

Zur Ermittlung der verschiedenen Kostenelemente müssen die entsprechenden Belege herangezogen werden. Die Kosten der Arbeitsausfallzeit müssen berücksichtigt werden, da während der Dauer der Qualitätsschulung die Teilnehmer keine andere Tätigkeit ausüben können. Daher ist eine Zuordnung zu den modellrelevanten Qualitätskosten notwendig. Die Personalkosten lassen sich wie in Abschnitt 6.1.1 bestimmen. Bei betriebsinterner Schulung müssen Verrechnungssätze der an der Maßnahme beteiligten Organisationseinheiten des Unternehmens herangezogen werden, um die Kostenunterelemente zu ermitteln.

Kann der teilnehmende Prüfer seine bei der Qualitätsschulung erworbenen Kenntnisse auch für andere Prüfungen anwenden, so muß eine weitere anteilsmäßige Verrechnung der Kosten erfolgen. Hiervon hängt auch die Einteilung der Kosten der Qualitätsschulung in Einzel- oder Gemeinkosten ab. Als Kostenschlüssel können die Einsatzzeiten in den verschiedenen Bereichen dienen.

Die Kosten der Qualitätsschulung müssen auf die dem kostenoptimalen Prüfverfahren zugrundegelegte Zeiteinheit umgerechnet werden. Dies kann mit Hilfe der Geltungsdauer des Prüfplanes geschehen:

$$Sch_{rel} = \frac{Sch_{Pr}}{t_{Pr,ges}}, \qquad (6.5)$$

wobei

Sch_{rel}: relevante Kosten der Qualitätsschulung, bezogen auf die dem Modell zugrundegelegte Zeiteinheit.

$t_{Pr,ges}$: Gesamte Anwendungszeit (Laufzeit, Geltungsdauer) des betreffenden Prüfplanes.

Die Kosten der Qualitätsschulung sind fixe Kosten bezüglich der Stichprobenprüfung und werden daher dem fixen Stichprobenkostenparameter c_1 zugeordnet. Eine Berücksichtigung von Sch_{rel} im Vollkostenparameter a^* ist nicht möglich, weil es keine geeignete Zuschlagsbasis gibt (sonst werden z.B. die Prüfzeiten zur anteilsmäßigen Verrechnung benutzt), die die Kosten der Qualitätsschulung auf eine Prüfeinheit (also bezüglich des Stichprobenumfanges n) umrechnet.

Die Zuordnungsregel des Qualitätskostenelements der Qualitätsschulung auf die Kostenparameter lautet also:

$$Sch_{rel} \quad \longrightarrow \quad c_1.$$

In vielen Fällen wird keine Qualitätsschulung notwendig sein, um den Prüfer im Umgang mit der Qualitätsregekarte zu unterweisen. Da die Handhabung einer Qualitätsregelkarte recht einfach ist, wird oft eine kurze Einarbeitung des Prüfers genügen. In diesem

Fall müßte nur der Personalkostenaufwand während der Einarbeitungszeit für die Kosten der Qualitätsschulung angesetzt werden.

Auch hier muß man beachten, ob die Qualitätsschulung einen einmaligen oder wiederkehrenden Vorgang darstellt. Trifft der erste Fall zu, so sind die Kosten der Qualitätsschulung wie die Kosten der Prüfplanung *nicht modellrelevant*.

6.2.3 Prüfkosten im engeren Sinn

Die drei modellrelevanten Kostenarten *1.3 Fertigungsprüfung, 1.4 Prüfmittel* und *1.5 Instandhaltung von Prüfmitteln* (vgl. Abschnitt 5.2) können zusammen betrachtet werden. Wir wollen sie als *Prüfkosten im engeren Sinn* bezeichnen; sie bestehen aus den Personalkosten für den oder die Prüfer und den Kosten der bei der Qualitätsprüfung eingesetzten Betriebsmittel (hier: Prüfmittel).
Die Formel zur Bestimmung der Prüfkosten im engeren Sinn lautet:

$$PK_e = LK_S + BK_S, \qquad (6.6)$$

PK_e: Prüfkosten im engeren Sinn.

LK_S: anteilige Bruttolohnkosten der bei der Stichprobenprüfung eingesetzten Prüfer.

BK_S: anteilige Betriebsmittelkosten der bei der Stichprobenprüfung eingesetzten Prüfmittel.

Für alle weiteren Einzelheiten sei auf die Ausführungen zu den Personal- und Betriebsmittelkosten in Abschnitt 6.1 verwiesen.

6.2.4 Kosten der Prüfdokumentation

Unter Prüfdokumentation versteht man „die Archivierung und Verwaltung der Prüfdokumente über die Prüfdaten unter besonderer Berücksichtigung der Anforderungen aus der Produzentenhaftung und der Sicherheitstechnik" [19].
Im Fall der kostenoptimalen Prozeßkontrolle entstehen in diesem Zusammenhang Kosten bei der Verwaltung von Qualitätsregelkarten und der Erstellung von Dokumenten zum Zwecke der Qualitätslenkung.

---

[19] DGQ (1985), S. 19.

Der Einfachheit halber sollte man hier einen pauschalen Verrechnungsbetrag der Verwaltungskostenstelle, bezogen auf eine bestimmte Prozeßprüfung, ansetzen:

$$DK_S = k_{V_{erw}}, \qquad (6.7)$$

wobei

DK_S: Kosten der Prüfdokumentation für die betreffende Stichprobenprüfung pro Zeiteinheit.

$k_{V_{erw}}$: Verrechnungsbetrag der Verwaltungsstelle.

Bei den Kosten der Prüfdokumentation handelt es sich um fixe Gemeinkosten bezüglich der Stichprobenprüfung, die geplant werden müssen. Für die Ermittlung dieser Kosten muß also bereits der Plankostensatz der Verwaltungskostenstelle bekannt sein. Das setzt voraus, daß das Unternehmen über eine Plankostenrechnung verfügt.

Für die Kosten der Prüfdokumentation läßt sich direkt der Kostenbetrag pro Zeiteinheit angeben (z.B. eine Stunde), da diese Kosten regelmäßig während der Durchführung der Prozeßkontrolle anfallen.

Die modellrelevanten Kosten der Prüfdokumentation als fixe Kosten müssen dem fixen Stichprobenkostenparameter c_1 zugeordnet werden. Darüber hinaus ist hier eine Berücksichtigung im Vollkostenparameter a^* notwendig und auch möglich, da es sich um regelmäßig anfallende Kosten pro Zeiteinheit handelt. Für die Zuordnungsregel gilt:

$$DK_S \quad \rightarrow \quad a^*, c_1.$$

Im Regelfall werden die Kosten der Prüfdokumentation einen im Vergleich zu anderen modellrelevanten Kosten nur sehr geringen Betrag ausmachen. In Anbetracht der Robustheit des kostenoptimalen Prüfverfahrens kann eine Vernachlässigung dieser Kosten im Einzelfall durchaus akzeptabel sein.

Damit sind alle Kostenarten der Kostengruppe der Prüfkosten beschrieben worden. Die modellrelevanten Prüfkosten setzen sich also wie folgt zusammen:

$$PR_{rel} = Sch_{rel} + PK_\epsilon + DK_S. \qquad (6.8)$$

6.3 Kosten der Inspektion und Erneuerung

In Abschnitt 5.2 wurden unter der Kostengruppe Inspektion und Erneuerung die Kostenarten *2.1 Fehlerursachenanalyse, 2.2 Fehlerursachenbeseitigung* und *2.3 qualitätsbedingte Produktionsausfallzeit* genannt.

2.1 enthält die Kosten der Inspektion und 2.2 die Kosten der Reparatur des Produktionsprozesses, 2.3 die durch die Inspektion und Reparatur bedingten Kosten eines Produktionsstillstandes.

Die Kostenarten 2.1 und 2.2 bestehen wiederum ausschließlich aus den entsprechenden Personal- und Betriebsmittelkosten. Es sind dies die anteiligen Lohnkosten der für die Inspektion und Reparatur zuständigen Arbeitspersonen und die Kosten der bei diesen Qualitätsmaßnahmen eingesetzten Inspektions- bzw. Reparaturmittel.

Die Formeln zur Bestimmung der modellrelevanten Kosten der Inspektion und Reparatur lauten somit:

$$I_{rel} = LK_I + BK_I, \tag{6.9}$$
$$R_{rel} = LK_R + BK_R, \tag{6.10}$$

wobei

I_{rel}: modellrelevante Kosten der Inspektion des Produktionsprozesses.

LK_I: anteilige Bruttolohnkosten der bei der Inspektion eingesetzten Arbeitskräfte.

BK_I: anteilige Kosten der Inspektionsmittel.

R_{rel}: modellrelevante Kosten der Reparatur des Produktionsprozesses.

LK_R: anteilige Bruttolohnkosten der bei der Reparatur eingesetzten Arbeitskräfte.

BK_R: anteilige Kosten der Reparaturmittel.

Für weitere Einzelheiten sei auf die Ausführungen in Abschnitt 6.1 verwiesen.

Die Kosten des Produktionsstillstandes werden im Kostenmodell von v. Collani durch die Terme $t_1(c_1 + c_2 + c_3 + c_4)$ bei e^* und $(t_1 + t_2)(c_1 + c_2 + c_3 + c_4)$ bei b^* beschrieben. In diesem Kapitel werden u.a. die Kostenarten und -elemente zu den dabei zu berücksichtigenden fixen Kostenparametern c_1, c_2 und c_3 angegeben. Eine genaue Beschreibung des fixen Produktionskostenparameters c_4 wurde bisher noch nicht gegeben.

In c_4 müssen die Kosten berücksichtigt werden, die dadurch entstehen, daß der Produktionsprozeß stillsteht und infolgedessen keine Produktionsstücke hergestellt werden können. In der Stillstandszeit kann man daher die fixen Kosten, die weiterhin anfallen, nicht wie sonst den Produktionsstücken zuordnen. Diese fixen Kosten muß man nun den „Verursachern" des Produktionsausfalles, nämlich der Inspektion und/oder Reparatur, zuteilen. Die fixen Produktionskosten pro Zeiteinheit können dem Kostenplan des zu prüfenden Produktes entnommen werden. Auch hier sollte im Unternehmen eine Plankostenrechnung vorhanden sein, damit diese Kosten bereits bei Erstellung des Prüfplanes bekannt sind.

Werden die Inspektionen und/oder Reparaturen des Produktionsprozesses aus Wirtschaftlichkeits- oder technischen Gründen außerhalb der Produktionszeiten durchgeführt, so entfallen die modellrelevanten Stillstandskosten. In diesem Fall wird der

Produktionsprozeß nicht wegen eines Prozeßfehlers angehalten, sondern nur nach dem täglichen Produktionsende. Daher kann man die fixen Kosten nicht der Erneuerung und Reparatur zuordnen, weil diese Qualitätsmaßnahmen nicht die Verursacher des Produktionsabbruches sind. Die Terme der Stillstandskosten müssen in diesem Fall gleich Null gesetzt werden.

6.4 Fehlerkosten

Die Bestimmung der Fehlerkosten dürfte der schwierigste Teil bei der Ermittlung der modellrelevanten Qualitätskosten sein. Fehlerkosten haben zum Teil den Charakter von nicht voraussehbaren, außerordentlichen und unregelmäßig anfallenden Kosten. Daher kann sich deren Berechnung als überaus schwierig erweisen.

In der betrieblichen Kostenrechnung werden vielfach diese Kosten mit einem sog. Wagnissatz, der auf Grund von statistischen und wahrscheinlichkeitstheoretischen Überlegungen ermittelt wird, angesetzt. Der Satz gibt die durchschnittliche Relation zwischen den in der Vergangenheit tatsächlich eingetretenen Wagnisverlusten und einer Bezugsgröße wieder. In diesem Wagnissatz werden neben den durch Produktfehler entstandenen Folgekosten eine ganze Reihe weiterer Wagniskosten [20] pauschal und ohne genaue Differenzierung berücksichtigt. Auf Grund der teilweise sehr hohen Fehlerkosten sollte jedoch ein gewisses Maß an Genauigkeit verlangt werden. Daher kann dieser allgemeine Wagnissatz nicht für das Verfahren genutzt werden.

Beim kostenoptimalen Prüfverfahren müssen sämtliche Fehlerkosten dem Kostenparameter f (bzw. der Gewinndifferenz $(g_1 - g_2)$) zugeordnet werden, d.h. sowohl die fixen wie auch die variablen Kostenteile. Daher müssen hier nicht zu jeder Kostenart die Zuordnungsregeln für die Kostenparameter angegeben werden. Die Fehlerkosten müssen im vorhinein bekannt sein, da sie bereits bei der Erstellung des kostenoptimalen Prüfplanes benötigt werden. Bei der Ermittlung der modellrelevanten Fehlerkosten wäre es daher hilfreich, wenn im Unternehmen eine Plankostenrechnung vorhanden ist.

Zur näheren Erklärung der richtigen Zuordnung der Fehlerkosten auf die Prozeßkontrolle betrachten wir Abbildung 6.1, die den Aufbau des Produktionsablaufes gegliedert nach verschiedenen Fertigungsstufen und nach dem Zeitpunkt (Ort) der verschiedenen Qualitätsprüfungen darstellt:
Vor Produktionsbeginn wird eine Eingangskontrolle der in das Produkt eingehenden Rohstoffe und/oder Zwischenprodukte durchgeführt. Der Produktionsprozeß selbst gliedert sich in i aufeinanderfolgende Fertigungsstufen. Prozeßprüfungen werden nach bestimmten Fertigungsstufen angesetzt. Nach Produktionsende erfolgt eine Ausgangskontrolle des fertigen Produktes, bevor es auf dem Markt abgesetzt oder als Zwischenprodukt zur Weiterverarbeitung in einen anderen Produktionsprozeß weitergeleitet wird.
Eine Prozeßkontrolle soll jene Fehler des Produktionsprozesses entdecken, die in den vorhergehenden Fertigungsstufen auftreten und noch keiner Qualitätsprüfung unterzogen worden sind. So hat in unserem Beispiel die Prozeßkontrolle 2 die Aufgabe, die Prozeßfehler in den Fertigungsstufen 6 bis einschließlich 10 zu entdecken. Die Prozeßkontrolle ist sozusagen für den fehlerfreien Ablauf dieses Teiles des Produktionsprozesses „verantwortlich". Daher soll dieser Teilbereich der Produktion als *Verantwortungsbereich* der Prozeßkontrolle 2 bezeichnet werden.

---

[20] Vgl. Haberstock (1987), S. 115.

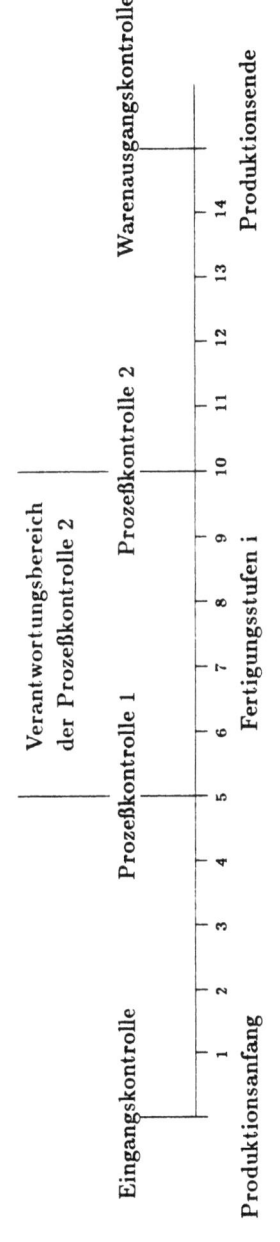

Abbildung 6.1: *Aufteilung des Produktionsablaufes nach Fertigungsstufen und Qualitätsprüfungen*

Bezogen auf das kostenoptimale Prüfverfahren bedeutet dies: Man darf der i-ten Prozeßkontrolle nur die Fehlerkosten zuordnen, die als Folge von im Verantwortungsbereich der betreffenden Prozeßkontrolle liegenden Prozeßfehlern entstehen. Andere durch Prozeßfehler bedingte Fehlerkosten müssen entsprechend anderen Qualitätsprüfungen zugewiesen werden.

Nachfolgend werden die Kostenarten der internen und externen Fehlerkosten näher beschrieben.

6.4.1 Interne Fehlerkosten

Bei den innerbetrieblich festgestellten Fehlerkosten müssen für die Zwecke des kostenoptimalen Modells die Kostenarten *3.1.1 Ausschuß*, *3.1.2 Nacharbeit* und *3.1.3 Wertminderung* betrachtet werden.

Ausschußkosten

„Unter Ausschuß versteht man Produktmengen, die infolge von Mängeln nicht ihrem planmäßigen Verwendungszweck, d.h. der Weiterverarbeitung im Betrieb oder der Veräußerung an den Absatzmärkten zugeführt werden können" [21].

Bezogen auf das kostenoptimale Prüfverfahren bezeichnen wir mit Ausschußkosten die Kosten von fehlerhaften Produktionsstücken (Ausschußstücken), die durch im Verantwortungsbereich einer bestimmten Prozeßprüfung liegende Prozeßfehler verursacht werden. Ausschußstücke, die auf andere Prozeßfehler zurückzuführen sind oder erst außerhalb des Unternehmens als solche entdeckt werden, müssen anderen Qualitätsprüfungen bzw. den externen Fehlerkosten zugewiesen werden.
In den Ausschußkosten müsssen alle Herstellkosten des zu prüfenden Produkts berücksichtigt werden, die bis einschließlich der Fertigungsstufe angefallen sind, nach der das Produkt als fehlerhaft entdeckt wird.

Die Ausschußkosten bestehen aus Einzelmaterial-, Materialgemein-, Fertigungslohn- und Fertigungsgemeinkosten für das zu prüfende Produkt. Einzelmaterialkosten lassen sich dem einzelnen Kostenträger (in diesem Fall dem Produktionsstück) direkt zurechnen. Im Gegensatz dazu muß die andere Komponente der Fertigungsmaterialkosten, die Materialgemeinkosten, mit Hilfe eines Gemeinkostenschlüssels auf das Produkt verrechnet werden. Fertigungslöhne sind direkt am Werkstück verrichtete Arbeit, wohingegen die Fertigungsgemeinkosten nur mittelbar dem Kostenträger zugerechnet werden können.

---
[21] Kilger (1981), S. 296.

Die Formel zur Bestimmung der Ausschußkosten eines Stückes lautet somit:

$$AK = MK_{Ai}^{E} + MK_{Ai}^{G} + HK_{Ai}^{E} + HK_{Ai}^{G}, \tag{6.11}$$

wobei

AK: Ausschußkosten pro Stück.

MK_{Ai}^{E}: Einzelmaterialkosten pro Stück bis zur Fertigungssstufe i.

MK_{Ai}^{G}: Materialgemeinkosten pro Stück bis zur Fertigungsstufe i.

HK_{Ai}^{E}: Fertigungslohnkosten (Einzel-Herstellkosten) pro Stück bis zur Fertigungsstufe i.

HK_{Ai}^{G}: Fertigungsgemeinkosten pro Stück bis zur Fertigungsstufe i.

Die akkumulierten Herstellkosten eines Produktionsstückes nach Fertigungsstufen getrennt werden in der Regel im Fertigungsplan aufgezeichnet. Daraus lassen sich ohne Probleme die jeweiligen Ausschußkosten entnehmen. Bei Nicht-Vorhandensein von Fertigungsplänen müssen die Ausschußkosten mittels Sonderrechnungen ermittelt werden. Dies kann mitunter sehr aufwendig sein, da eine genaue Analyse des gesamten Produktionsprozesses notwendig ist.

Die Ausschußkosten AK aus Gleichung (6.11) liegen noch nicht in der für das kostenoptimale Verfahren benötigten Form vor. AK enthält die gesamten Herstellkosten pro Stück, die bis einschließlich der Fertigungsstufe i angefallen sind. Nun werden jedoch nicht alle fehlerhafte Stücke gleich bei der nachfolgenden Prozeßprüfung entdeckt (unterlassener Alarm). Einige Produktionsstücke werden erst bei späteren Prozeßkontrollen oder anderen Qualitätsprüfungen als defekt erkannt (und manche erst außerhalb des Unternehmens), obwohl der Fehler schon etliche Fertigungsstufen früher entstanden ist. In solchen Fällen müssen der Prozeßkontrolle auch die Herstellkosten der weiteren Fertigungsstufen zugewiesen werden, die außerhalb ihres Verantwortungsbereiches liegen. Diese Zuordnung ist aber nicht möglich, da im vorhinein nicht bekannt ist, welchen Prozentsatz der Ausschußstücke bei welcher Qualitätsprüfung entdeckt wird.
Es läßt sich dafür auch kein Schätzwert mit Hilfe der Wahrscheinlichkeit eines unterlassenen Alarms, β, bilden, da β direkt von den Entscheidungsparametern des Prüfplanes abhängt. Diese sind jedoch erst nach der Erstellung des Prüfplanes bekannt. Aus diesem Grund kann man die modellrelevanten Ausschußkosten nicht genau bestimmen. Auch hier ist man auf pauschale Schätzungen angewiesen, die sich auf Vergangenheitswerte oder auf Ergebnisse anderer Produkte stützen.

Hat man einen näherungsweisen Wert über die durch einen bestimmten Prozeßfehler bedingten Ausschußkosten ermittelt, so erhält man die modellrelevanten Ausschußkosten folgendermaßen:

$$AK_{rel} = \frac{AK}{x_G} \Delta x_d, \tag{6.12}$$

wobei

AK_{rel}: Durchschnittliche modellrelevante Ausschußkosten pro Stück.

AK: Gesamte Ausschußkosten pro Stück.

x_G: Gesamtzahl der produzierten Stücke pro Zeiteinheit.

Δx_d: Die durch den Prozeßfehler verursachte Zunahme der defekten Produktionsstücke pro Zeiteinheit.

Nacharbeitskosten

„Unter Nacharbeit versteht man zusätzliche Arbeitsgänge, die dazu dienen, Produktmengen mit Mängeln zu verwertbaren Erzeugnissen zu machen. Die hierfür anfallenden Kosten werden als Nacharbeitskosten bezeichnet" [22].
Die modellrelevanten Nacharbeitskosten sind die Nacharbeitskosten, die durch Prozeßfehler im Verantwortungsbereich einer bestimmten Prozeßkontrolle verursacht werden.

Anders als bei den Ausschußkosten sind in den Nacharbeitskosten nicht die Herstellkosten bis zur betreffenden Fertigungsstufe enthalten. In diesem Fall müssen die Herstellkosten vielmehr den Produktionsstücken zugeordnet werden, da die Erzeugnisse nach der Nacharbeit auf den Markt gebracht werden.
Die Nacharbeit stellt einen zusätzlichen Arbeitsgang dar, der notwendig wird, wenn die Stücke nicht fehlerfrei hergestellt werden. Die Kosten dieses zusätzlichen Arbeitsganges sind dann auch die Nacharbeitskosten. Ähnlich wie bei den Ausschußkosten setzen sich die Nacharbeitskosten aus Einzelkosten- und Gemeinkostenkomponenten zusammen. Demnach hat die Bestimmungsgleichung für die Nacharbeitskosten folgende Form:

$$NK = MK_N^E + MK_N^G + HK_N^E + HK_N^G, \qquad (6.13)$$

wobei

NK: Nacharbeitskosten pro Stück.

MK_N^E: Einzelmaterialkosten pro Stück des zusätzlichen Arbeitsganges der Nacharbeit.

MK_N^E: Materialgemeinkosten pro Stück für die Nacharbeit.

HK_N^E: Fertigungslohnkosten pro Stück für die Nacharbeit.

HK_N^G: Fertigungsgemeinkosten pro Stück für die Nacharbeit.

---

[22]Kilger (1981), S. 296.

Die modellrelevanten Nacharbeitskosten erhält man, indem man, wie bei den Ausschußkosten, NK auf die durch den Prozeßfehler zusätzlich entstandenen Nacharbeitskosten bezieht:

$$NK_{rel} = \frac{NK}{x_G} \Delta x_d, \qquad (6.14)$$

wobei

NK_{rel}: Durchschnittliche modellrelevante Nacharbeitskosten pro Stück.

NK: Gesamte Nacharbeitskosten pro Stück.

x_G: Gesamtzahl der produzierten Stücke pro Zeiteinheit.

Δx_d: Durch den Prozeßfehler verursachte Zunahme der defekten Stücke pro Zeiteinheit.

Eine genaue Ermittlung der Nacharbeitskosten ist nur möglich, wenn innerhalb der Plankostenrechnung eine eigene Kostenstelle für die Nacharbeit besteht. In diesem Fall ist die Bestimmung der obigen Kostenelemente problemlos. Bei Nicht-Vorhandensein einer derart ausgebauten Plankostenrechnung müssen die Nacharbeitskosten mittels Sonderrechnungen ermittelt werden. In größeren Unternehmen mit Serienfertigung könnte eine exakte Bestimmung der Nacharbeitskosten angesichts der Vielzahl der Nacharbeitsfälle mit einem hohem verwaltungstechnischen Aufwand verbunden sein. In dem hier untersuchten speziellen Fall, bei dem man von immer wiederkehrenden und gleichbleibenden Produktfehlern ausgeht, kann man die notwendigen Arbeitsgänge der Nacharbeit im vorhinein genau festlegen. Daher lassen sich die Nacharbeitskosten auch durch eine einmalige Sonderrechnung hinreichend gut ermitteln.

Aber auch hier steht man vor dem gleichen Problem wie bei der Ermittlung der Ausschußkosten. Man weiß im vorhinein nicht, wann und wo der Fehler am Produkt entdeckt und die Nacharbeit vorgenommen werden kann. Daher lassen sich die modellrelevanten Nacharbeitskosten nicht genau bestimmen.

Wertminderung

Durch Produktionsstücke, die trotz Nichterreichens der Qualitätsanforderungen am Markt zu reduziertem Preis abgesetzt werden können (2. Wahl), entstehen Kosten der Wertminderung. Diese Kosten sind die Differenz des Erlöses, d.h. der Preisabschlag auf Grund des Qualitätsmangels [23].

Von modellrelevanten Kosten der Wertminderung spricht man dann, wenn Produktionsstücke, die durch einen Prozeßfehler im Verantwortungsbereich einer bestimmten Qualitätsprüfung als fehlerhaft gewertet werden, zu einem geringeren Preis verkauft werden.

Im Kostenmodell von v. Collani werden diese Kosten durch die Differenz von G_+ und

---

[23]Vgl. Steinbach (1985), S. 59.

G_- beschrieben, die zur Bestimmung der durchschnittlichen Gewinne pro Stück g_1 und g_2 (Gleichungen (3.15) und (3.16)) benötigt werden. Die Kosten der Wertminderung eines Stückes betragen somit

$$WM = G_+ - G_-, \qquad (6.15)$$

wobei

- WM: Kosten der Wertminderung eines Stückes.
- G_+: Gewinn eines guten/einwandfreien Stückes.
- G_-: Gewinn eines schlechten/fehlerhaften Stückes.

Die Gewinngröße G_+ wird im Rahmen der Preiskalkulation festgesetzt und ist daher einfach zu ermitteln. Die Bestimmung von G_- ist dagegen problematisch, weil die Erlösschmälerung und damit G_- erst beim Verkauf feststeht. Führt jedoch der zu beobachtende Produktfehler immer zu dem gleichen Schaden, so läßt sich mittels einer zusätzlichen Preiskalkulation der Betrag der Wertminderung angeben. In vielen Fällen läßt sich G_- auch durch einen prozentualen Preisabschlag berechnen.

Zur Bestimmung der modellrelevanten Kosten der Wertminderung muß WM, wie bei den anderen Kostenarten der internen Fehlerkosten, mit $\Delta x_d/x_G$ multipliziert werden:

$$WM_{rel} = \frac{WM}{x_G}\Delta x_d, \qquad (6.16)$$

wobei

- WM_{rel}: Durchschnittliche modellrelevante Kosten der Wertminderung pro Stück.
- x_G: Gesamtzahl der produzierten Stücke pro Zeiteinheit.
- Δx_d: Durch den Prozeßfehler verursachte Zunahme der defekten Stücke pro Zeiteinheit.

Hiermit wurden alle Kostenarten der internen Fehlerkosten beschrieben. Es muß darauf hingewiesen werden, daß im konkreten Einzelfall je nach dem vorliegenden Produktionsgegebenheiten nur eine der drei Kostenarten Ausschuß, Nacharbeit oder Wertminderung berücksichtigt werden wird. Eine gleichzeitige Ansetzung mehrerer Kostenarten ist nicht möglich.

6.4.2 Externe Fehlerkosten

Externe Fehlerkosten entstehen, wenn ein Produktfehler nicht mehr innerhalb des Betriebes entdeckt wird und das fehlerhafte Produkt auf dem Markt abgesetzt wird. Da die Fehler erst außerhalb des Unternehmens festgestellt werden, ist die Ermittlung dieser Kosten besonders schwierig.

Modellrelevant ist der Teil der externen Fehlerkosten, der einer bestimmten Prozeßprüfung zugeordnet werden kann. Dazu gehören die Fehlerkosten, die aus Fehlern während der Fertigungsstufen resultieren, für die die Prüfung verantwortlich ist. In der Praxis wird man so vorgehen, daß die extern festgestellten Produktfehler danach geordnet werden, in welchem Bereich des Betriebes der Fehler (oder die Fehlerursache) entstanden ist. Diese modellrelevanten Fehlerkosten müssen dann auf die während der zugrundegelegten Zeit (in der Regel die Verweildauer des Zustands I, $1/\lambda$) produzierten Stücke umgerechnet werden, da der Parameter f (bzw. $(g_1 - g_2)$) stückbezogen ist.

Die externen Fehlerkosten gliedern sich in die Kostenarten *3.2.1 Gewährleistung und Kulanzleistung, 3.2.2 Produzentenhaftung* und *3.2.3 indirekte Kosten*. Nachfolgend erfolgt eine nähere Beschreibung dieser drei Kostenarten.

Gewährleistung und Kulanzleistung

Anstelle der gesetzlichen Gewährleistungsansprüche wird in der Regel zwischen Unternehmen und Kunden eine Garantie vereinbart, die eine kostenlose Reparatur eines fehlerhaften Produktes vorsieht. Kulanzleistungen werden vom Unternehmen gewährt, wenn die Garantiezeit abgelaufen ist und das Unternehmen dennoch aus bestimmten Gründen die kostenlose Beseitigung eines Produktfehlers übernimmt. Hierzu kann man auch die Kosten für sog. Rückrufaktionen zählen, die in den letzten Jahren immer häufiger durchgeführt werden. Hierbei werden dem Abnehmer kostenlose vorbeugende Reparaturen angeboten, um mögliche spätere Schäden (die z.B. zu Produzentenhaftungskosten führen können) zu vermeiden.

Die Kosten der Gewährleistung und Kulanzleistung sind die Reparaturkosten des defekten Produktes. Die Kosten der Reparaturleistung setzen sich aus den Lohnkosten, den anteiligen Reparaturmittelkosten und den Kosten für Ersatzteile zusammen. Die Bestimmungsgleichung für die Kosten der Gewährleistung und Kulanzleistung lautet also:

$$GK = \sum_i^L l_{GKi} t_{GKi} + RK_{GK} t_{GK} + ET_{GK}, \qquad (6.17)$$

wobei

GK: Kosten der Gewährleistung und Kulanzleistung eines Produktes.

l_{GKi}: Bruttolohnsatz der i-ten von L Arbeitskräften, die an der Reparatur beteiligt sind.

t_{GKi}: Arbeitszeit der i-ten von L Arbeitskräften, die für die Reparatur benötigt wird.

RK_{GK}: Reparaturmittelkosten [24].

t_{GK}: Einsatzzeit der Reparaturmittel für die Reparatur.

---
[24] Siehe dazu die Ausführungen zu den Betriebsmittelkosten in Abschnitt 6.1.2.

ET_{GK}: Kosten der Ersatzteile für die Reparatur.

Um die stückbezogenen modellrelevanten Kosten der Gewährleistung und Kulanzleistung zu erhalten, muß man GK durch die Gesamtzahl der produzierten Stücke, x_G, dividieren und mit der durch den Prozeßfehler verursachten Zunahme der defekten Produkte, Δx_d, multiplizieren:

$$GK_{rel} = \frac{GK}{x_G} \Delta x_d. \qquad (6.18)$$

Die Reparatur kann in der eigenen Reparaturabteilung oder in unternehmensexternen Reparaturstellen durchgeführt werden. Geht man davon aus, daß der im Verantwortungsbereich der bestimmten Qualitätsprüfung verursachte Fehler immer die gleiche Reparatur zur Folge hat, dann läßt sich ein zuverlässiger Kostenbetrag für die Reparatur pro Produktionsstück angeben.

Wesentlich schwieriger ist es, im vorhinein die Anzahl der zu erwartenden Fälle der Gewährleistung und Kulanzleistung zu schätzen und die anfallenden Kosten auf die verschiedenen Qualitätsprüfungen sachgerecht zu verteilen. In der Regel wird man auf Vergangenheitswerte angewiesen sein, um einen näherungsweise richtigen Wert für die modellrelevanten Kosten der Gewährleistung und Kulanzleistung angeben zu können.

Produzentenhaftung

Unter Produzentenhaftung versteht man die Haftung des Herstellers für die ordnungsgemäße Beschaffenheit der von ihm in den Verkehr gebrachten Erzeugnisse gegenüber dem Abnehmer, der durch die fehlerhafte Beschaffenheit des Produktes Schaden erleidet. Die Produzentenhaftung ist gesetzlich nicht geregelt [25].

Die Produzentenhaftungskosten bestehen aus Aufwendungen des Unternehmens für Schadenersatzforderungen des Abnehmers (falls die Schadenersatzzahlungen nicht durch die allgemeine Betriebshaftpflichtversicherung oder die Produkthaftpflichtversicherung abgedeckt sind), Kosten der Produkthaftpflichtversicherung und Anwalts- und Prozeßkosten.

Bei Abschluß einer Produkthaftpflichtversicherung sind die entsprechenden Versicherungsprämien anzusetzen. Die Planung erfolgt auf Grund der abgeschlossenen Versicherungsverträge, wobei man aber in regelmäßgien Abständen überprüfen sollte, ob die Prämiensätze noch der Marktlage entsprechen. Die Prämienhöhe bemißt sich an den besonderen Risiken des jeweiligen Produktes und der allgemeinen Qualitätslage des Unternehmens. Durch Maßnahmen zur Qualitätsverbesserung im Bereich der Fertigung und Qualitätssicherung lassen sich häufig Prämiensenkungen erreichen. Im Rahmen der Produkthaftpflichtversicherungen werden jedoch bestimmte Leistungen ausgeschlossen. So entfällt beispielsweise der Versicherungsschutz für Ein- und Ausbaukosten von Teilen an Kraftfahrzeugen [26].

---

[25] Vgl. Gabler (1980).
[26] Vgl. Czernakowski (1985), S. 14.

Im Gegensatz zu den Versicherungsprämien lassen sich die Kosten für nicht durch Versicherungen abgedeckte Schadenersatzforderungen und die Anwalts- und Prozeßkosten nur sehr schwer abschätzen, da die Anzahl der zu erwartenden Schadensfälle unbekannt ist. Hier muß man sich mit Schätzwerten behelfen, die aus Vergangenheitswerten oder aus Erfahrungen bei ähnlichen Erzeugnissen abgeleitet werden.

In das Modell der kostenoptimalen Prozeßkontrolle darf nur der Teil der Produzentenhaftungskosten einbezogen werden, der in den Verantwortungsbereich der betreffenden Qualitätsprüfung fällt. Da diese Kosten in die Bestimmungsgleichung des Nutzens pro Reparatur eingehen, darf außerdem nur der Kostenteil berücksichtigt werden, der durch die prozeßfehlerbedingte Erhöhung der Anzahl der fehlerhaften Produkte verursacht wird. Für die Bestimmung der modellrelevanten Produzentenhaftungskosten ergibt sich somit folgende Formel:

$$PHK_{rel} = \left(\frac{V_{PHK} + PHK_{sonst}}{x_G} \right) \Delta x_d, \qquad (6.19)$$

wobei

PHK_{rel}: Modellrelevante Prozeßhaftungskosten.

V_{PHK}: Versicherungsprämie für die Produkthaftpflichtversicherung des zu prüfenden Produktes, bezogen auf die Prozeßkontrolle.

PHK_{sonst}: Summe der Pauschalbeträge für die versicherungsmäßig nicht abgedeckten Produzentenhaftungskosten und der Anwalts- und Prozeßkosten, bezogen auf die Prozeßkontrolle.

x_G: Gesamtzahl der produzierten Stücke pro Zeitperiode.

Δx_d: Durch den zu beobachtenden Prozeßfehler verursachte Zunahme der defekten Produkte in der Zeitperiode.

Man darf davon ausgehen, daß in der Regel das Produkt durch eine Produkthaftpflichtversicherung geschützt ist. In diesem Fall genügt es oft, nur die anteilige Versicherungsprämie anzusetzen. Problematischer ist die Zuordnung der Versicherungskosten auf die verschiedenen Fertigungsstufen und damit auf die Qualitätsprüfungen.

Indirekte Kosten

Mit indirekten Kosten soll der Teil der externen Fehlerkosten bezeichnet werden, der nicht direkt aus einem Produktfehler resultiert.
Ein Verlust des Ansehens eines Unternehmens („Imageverlust") kann z.B. dann eintreten, wenn verstärkt fehlerhafte Produkte hergestellt werden und damit die Qualität und Zuverlässigkeit der Produkte abnimmt. Dies kann dazu führen, daß bisherige Kunden

und potentielle Kunden verlorengehen (Kundenverlust). Dadurch entsteht ein Nachfragerückgang und letztendlich eine Abnahme des Gewinns.

Auf das kostenoptimale Prüfverfahren bezogen bedeutet dies: Bei nicht zufriedenstellender Produktion im Zustand II werden mehr fehlerhafte Produkte hergestellt als im zufriedenstellenden Zustand I. Werden diese Produktionsstücke bei einer bestimmten Prozeßprüfung und bei allen nachfolgenden Qualitätsprüfungen nicht als fehlerhaft erkannt, so kommt eine zunehmende Zahl von defekten Erzeugnissen auf den Markt. Dies kann zur Unzufriedenheit bei einem Teil der Kunden führen, die das Produkt in Zukunft bei einem anderen Hersteller erwerben werden.

Diese Kosten des Imageverlustes müßten im Parameter der Fehlerkosten f (bzw. in $(g_1 - g_2)$) berücksichtigt werden. Eine einigermaßen genaue Schätzung dieser Kosten ist jedoch nur schwer möglich. Dazu wären umfangreiche und detaillierte Studien über das Kundenverhalten notwendig, die einen unvertretbar hohen Kostenaufwand zur Folge hätten. Man muß zwangsläufig auf eine Berücksichtigung der Kosten des Imageverlustes im Modell verzichten. Dies erscheint in vielen Fällen als durchaus vertretbar. Heutzutage erreichen viele Unternehmen bereits ein so hohes Qualitätsniveau, daß diese Kosten vernachlässigbar klein sind.

Die in das Modell der kostenoptimalen Prozeßkontrolle einzubeziehenden externen Fehlerkosten setzen sich somit lediglich aus den Kosten der Gewährleistung und Kulanzleistung und den Produzentenhaftungskosten zusammen:

$$f_{ext} = GK_{rel} + PHK_{rel}. \tag{6.20}$$

6.5 Zusammenfassung

In diesem Abschnitt wird ein System von Bestimmungsgleichungen für die Kostenparameter des kostenoptimalen Prüfverfahrens dargestellt, das sich aus den vorhergehenden Ausführungen ableiten läßt. Dazu werden nochmals kurze Anmerkungen zur Problematik der Kostenermittlung gegeben.

6.5.1 Prüfkosten

Vollkostenparameter a^*

$$a^* = LK_S + BK_S + DK_S, \qquad (6.21)$$

wobei

$$\begin{aligned} LK_S &= \sum_i^L l_{Si} t_{Si}, \\ BK_S &= A_S + Z_S + RI_S + BS_S + RK_S, \\ DK_S &= k_{Verw}. \end{aligned}$$

Anmerkungen:

- LK_S: Die Bestimmung von l_{Si} ist problemlos, für t_{Si} sind zusätzliche Zeitaufschreibungen notwendig.
- BK_S: A_S und Z_S können aus der Anlagenrechnung entnommen werden.
  RI_S muß man auf die voraussichtliche Wirkungsdauer der Maßnahmen anteilig verteilen; es sind Sonderrechnungen notwendig.
  BS_S ist nur durch Sonderrechnungen zu ermitteln. Eine genaue Bestimmung der Preiskomponente ist nur bei Vorhandensein einer Plankostenrechnung möglich.
  RK_S läßt sich nur mit Hilfe einer Plankostenrechnung ermitteln. In Einzelfällen könnte man aus Gründen der Vereinfachung auf die Berücksichtigung dieses Kostenunterelementes verzichten.
- DK_S: Bei Vorhandensein einer Plankostenrechnung sollte ein Verrechnungsbetrag der Verwaltungsstelle, k_{Verw}, angesetzt werden. Liegen keine Planwerte vor, so kann dieses Kostenunterelement unter Umständen vernachlässigt werden.

Fixer Stichprobenkostenparameter c_1

$$c_1 = \sum_i^L l_{Si} + BK_{S,fix} + Sch_{rel} + DK_S, \qquad (6.22)$$

wobei

$$BK_{S,fix} = A_{S,fix} + Z_S + RI_{S,fix} + BS_{S,fix} + RK_S,$$

$$Sch_{rel} = \frac{L_{Sch} + R_{Sch} + \sum_i^L l_i^{Sch} t_i^{Sch} + Sch_{sonst}}{t_{Pr,ges}}.$$

Anmerkungen:

l_{Si}: Siehe Anmerkung zu a^*.

$BK_{S,fix}$: Die Anmerkungen zu a^* gelten analog für den fixen Teil der Betriebskosten.

Sch_{rel}: Die Ermittlung ist problemlos. Bei kurzer Einweisung des Prüfers genügt oft nur der Ansatz des Personalkostenaufwandes. *Schwierigkeit:* Die Anwendungszeit $t_{Pr,ges}$ kann man nicht genau bestimmen.

DK_S: Siehe Anmerkung zu a^*.

Eine genaue Zuordnung der Kostenelemente von c_1 auf die Schlüsselparameter e^* und b^* erweist sich als unmöglich, da die differenzierten Verrechnungszeiten nicht im vorhinein bestimmt werden können [27].

6.5.2 Kosten der Inspektion und Reparatur

Vollkostenparameter a_1, a_2, a_3

$$a_1 = LK_I^1 + BK_I^1, \tag{6.23}$$

wobei

$$LK_I^1 = \sum_i^L l_{Ii}^1 t_{Ii}^1,$$
$$BK_I^1 = A_I^1 + Z_I^1 + RI_I^1 + BS_I^1 + RK_I^1.$$

$$a_2 = LK_I^2 + BK_I^2, \tag{6.24}$$

wobei

$$LK_I^2 = \sum_i^L l_{Ii}^2 t_{Ii}^2,$$
$$BK_I^2 = A_I^2 + Z_I^2 + RI_I^2 + BS_I^2 + RK_I^2.$$

$$a_3 = LK_R + BK_R, \tag{6.25}$$

---

[27]Vgl. dazu die Ausführungen in Abschnitt 5.3.3.

wobei

$$LK_R = \sum_i^L l_{Ri} t_{Ri},$$
$$BK_R = A_R + Z_R + RI_R + BS_R + RK_R.$$

Anmerkungen:
Die Ausführungen zu LK_S und BK_S gelten analog.

Fixe Kostenparameter c_2, c_3, c_4

$$c_{2i} = l_{Ii} + BK^i_{I,fix}, \qquad (6.26)$$
$$c_{3i} = l_{Ri} + BK^i_{R,fix}, \qquad (6.27)$$

wobei

$$BK^i_{I,fix} = A^i_{I,fix} + Z^i_I + RI^i_{I,fix} + BS^i_{I,fix} + RK^i_I,$$
$$BK^i_{R,fix} = A^i_{R,fix} + Z^i_R + RI^i_{R,fix} + BS^i_{R,fix} + RK^i_R.$$

Anmerkungen:
Die Ausführungen zu BK_S gelten analog. Die Berechnung aller differenzierten Kostenelemente und -unterelemente kann sehr aufwendig sein. Es ist jedoch zulässig, im Einzelfall Vereinfachungen vorzunehmen.

$$c_4 = K_{fix}, \qquad (6.28)$$

wobei

K_{fix}: fixe Produktionskosten pro Zeiteinheit, bezogen auf den Produktionsprozeß.

Anmerkungen:
K_{fix} kann aus dem Kostenplan des zu prüfenden Produktes entnommen werden.

6.5.3 Fehlerkosten

$$f = f_{int} + f_{ext}, \qquad (6.29)$$

wobei f_{int} die internen und f_{ext} die externen Fehlerkosten bezeichnet. f_{int} besteht entweder aus den Ausschußkosten (AK_{rel}), den Nacharbeitskosten (NK_{rel}) oder den Kosten der Wertminderung (WM_{rel}). Die externen Fehlerkosten f_{ext} setzen sich aus den Kosten der Gewährleistung und Kulanzleistung (GK_{rel}) und aus den Produzentenhaftungskosten (PHK_{rel}) zusammen. Für die Kostenarten gelten folgende Bestimmungsgleichungen:

$$AK_{rel} = \frac{MK_{Ai}^E + MK_{Ai}^G + HK_{Ai}^E + HK_{Ai}^G}{x_G}\Delta x_d,$$

$$NK_{rel} = \frac{MK_N^E + MK_N^G + HK_N^E + HK_N^G}{x_G}\Delta x_d,$$

$$WM_{rel} = \frac{G_+ - G_-}{x_G}\Delta x_d,$$

$$GK_{rel} = \frac{\sum_i^L l_{GKi} t_{GKi} + RK_{GK} t_{GK} + ET_{GK}}{x_G}\Delta x_d,$$

$$PHK_{rel} = \frac{V_{PHK} + PHK_{sonst}}{x_G}\Delta x_d.$$

Anmerkungen:

- AK_{rel}: Die Ausschußkosten enthalten die gesamten Herstellkosten pro Stück, die bis einschließlich der Fertigungsstufe i angefallen sind. Der modellrelevante Teil der Ausschußkosten läßt sich nicht genau bestimmen, da man nicht weiß, an welcher Stelle der Produktfehler entdeckt werden wird.
- NK_{rel}: Die Ermittlung der Nacharbeitskosten beim Vorhandensein einer Kostenstelle für Nacharbeit (ansonsten einmalige Sonderrechnung) ist problemlos. Wegen der Ungewißheit über den Fehlerentdeckungsort ist auch hier keine genaue Bestimmung möglich.
- WM_{rel}: G_+ ist bekannt, G_- muß durch eine zusätzliche Preiskalkulation berechnet werden.
- GK_{rel}: Die Berechnung der Reparaturkosten ist unproblematisch, die Zahl der zu erwartenden Schadensfälle läßt sich jedoch nicht genau schätzen.
- PHK_{rel}: In vielen Fällen genügt der Ansatz der anteiligen Versicherungsprämie.

Da eine Schätzung der indirekten Kosten nicht möglich ist, sollte man den Betrag für die externen Fehlerkosten eher etwas höher ansetzen.

Kapitel 7

Zur Anwendung kostenoptimaler Prüfverfahren in der Praxis - eine Fallstudie

Die bisherigen Ausführungen zum Modell eines kostenoptimalen Prüfverfahrens in der Prozeßkontrolle und deren Effizienz sowie zur Darstellung der ökonomischen Hintergründe sollen in diesem Kapitel anhand eines ausführlichen Beispiels aus der Praxis veranschaulicht werden. Es soll die Anwendbarkeit der kostenoptimalen Methode für eine bestimmte Prozeßprüfung in der Automobil-Zubehörindustrie untersucht werden.

Die im Beispiel verwendeten Zahlen wurden - wie man an den meist glatten Zahlen erkennt - willkürlich gewählt, um die Möglichkeit des Rückschlusses auf die wahren, teilweise vertraulichen Daten auszuschließen. Es wurde jedoch Wert darauf gelegt, den Datenwerten einen möglichst realitätsnahen Bezug zu geben.

Der Zweck der hier vorliegenden Fallstudie ist in erster Linie, aufzuzeigen, wie das in dieser Arbeit beschriebene kostenoptimale Prüfverfahren in der industriellen Praxis angewandt und welcher zusätzliche Gewinn damit erzielt werden kann. Es soll vor allem dargestellt werden, welche der in Kapitel 6 angegebenen Kostenarten und -elemente in einem konkreten Fall tatsächlich von Belang sind für die Berechnung des kostenoptimalen Prüfplanes und wie sich daraus folgend die gesamte notwendige Vorarbeit entwickelt. Insbesondere soll untersucht werden, ob die teilweise komplizierten Zusammenhänge der Kostendaten nicht vereinfacht werden können.

Innerhalb des Rechnungswesens verfügt das betrachtete Unternehmen über eine Istkostenrechnung. Daher liegen für die meisten Kostendaten keine Planwerte vor, so daß die Ermittlung einiger Kostenelemente erschwert wird. Zwischen den einzelnen Abteilungen des Unternehmens besteht ein problemloser Informationsfluß. So ist insbesondere ein schneller Datenaustausch zwischen der Qualitätssicherung und der betrieblichen Kostenrechnung möglich.

In diesem Kapitel sollen zunächst der Produktionsablauf des zu prüfenden Erzeugnisses (ein Pkw-Scheinwerfer) und die verschiedenen Qualitätsmaßnahmen beschrieben werden. Anschließend wird die Ermittlung der modellrelevanten Größen ausgehend von den Ausführungen im vorigen Kapitel dargestellt. Sind dann alle modellrelevanten technischen und ökonomischen Parameter ermittelt worden, so kann der kostenoptimale Prüfplan berechnet werden. Abschließend werden die Ergebnisse zusammengefaßt und Schlußfolgerungen aus der Fallstudie gezogen.

7.1 Beschreibung des Produktionsablaufes

Im untersuchten Industriebetrieb wird seit längerer Zeit ein bestimmter Typ von Pkw-Scheinwerfern ohne Fertigungskontrolle hergestellt. Bisher wird lediglich eine Endkontrolle des fertigen Scheinwerfers durchgeführt.
Es soll nun untersucht werden, ob durch die Einführung einer Prozeßprüfung der ohnehin hohe Qualitätsstandard weiter verbessert werden kann und welche ökonomischen Folgen daraus zu erwarten sind. Der Produktionsablauf gliedert sich in die folgenden drei *Fertigungsstufen*:

1. Herstellung des Reflektors.

2. Scheinwerfer-Einsatz.

3. Endmontage.

Um einen großen Teil der Ausschußkosten einzusparen, bietet sich eine Prüfung bereits nach der ersten Fertigungsstufe an.
In einer Produktfehleranalyse wurde festgestellt, daß folgende *Produktfehler*, die jeweils zu unbrauchbaren Reflektoren und schließlich zu fehlerhaften Scheinwerfern führen, am häufigsten während der ersten Fertigungsstufe auftreten:

1. Beim *Schweißen* des Blechkörpers entstehen Beulen (Beeinträchtigung der optischen Wirkung).

2. Beim *Tauchlackieren* treten Lackläufer auf und/oder Ausbrüche und Löcher werden durch eine Lackhaut verschlossen (Behinderung im nachfolgenden Montageablauf).

3. Beim *Bedampfen* entstehen Fehlstellen am Reflektor (Beeinträchtigung der optischen Wirkung).

Alle Produktfehler können durch eine Sichtprüfung entdeckt werden. Beim Auftreten von mindestens einem Fehler am Reflektor wird das fehlerhafte Zwischenprodukt ausgesondert und als Ausschuß deklariert. Eine Nacharbeit ist aus produktionstechnischen Gründen nicht möglich. Auf Grund einer Prüfung kann man also die Reflektoren in die beiden Kategorien brauchbar und unbrauchbar einteilen. Für eine statistische Qualitätsprüfung eignet sich in diesem Fall die np-Karte, die die Anzahl der unbrauchbaren Stücke anzeigt.

Die drei beschriebenen Produktfehler werden jeweils durch bestimmte Fehler im Produktionsprozeß verursacht. Im einzelnen führen folgende *Prozeßfehler* zu den Produktfehlern:

1. *Schweißen:* Fehler im Transportsystem u.a.

2. *Lackieren:* Absetzen von Fettstoffen.

3. *Bedampfen:* Mechanische Fehler, z.B. mangelhafte Dichtigkeit der Anlage usw.

Aus früheren Qualitätsberichten weiß man, daß das Auftreten einer oder mehrerer Prozeßfehler zu einem sprunghaften Anstieg der Zahl der unbrauchbaren Reflektoren führt, die einen oder mehrere Produktfehler aufweisen. Dies ist gleichbedeutend mit der Zunahme des Anteils fehlerhafter Reflektoren von p_I auf p_{II}.

7.2 Beschreibung der Prozeßprüfung

Die Unternehmensleitung möchte die Wirtschaftlichkeit in allen Bereichen des Industriebetriebs erhöhen. Daher soll in der Prozeßprüfung eine kostenoptimale np-Karte angewandt werden. Das Kontrollverfahren läßt sich in diesem Beispiel folgendermaßen beschreiben:
Nach je T Produktionsstunden entnimmt ein Prüfer eine Stichprobe von n hintereinander produzierten Reflektoren aus der laufenden Produktion. Dies geschieht unmittelbar nach Abschluß der ersten Fertigungsstufe. Mittels Sichtprüfung untersucht nun der Prüfer die entnommenen Stücke auf das Vorhandensein der drei möglichen Produktfehler. Wird bei einem Reflektor ein oder mehrere Fehler festgestellt, so wird das Stück als unbrauchbar ausgesondert und als Ausschuß deklariert. Der Prüfer notiert die Anzahl der fehlerhaften Reflektoren in einer Fehlersammelkarte (nach Fehlerarten geordnet) und trägt sie anschließend in eine np-Karte ein. Befinden sich in der Stichprobe mehr als c ($c \in \mathbb{N}_0, 0 \leq c < n$; c stellt die Annahmezahl dar) unbrauchbare Stücke, so wird der Produktionsprozeß angehalten, inspiziert und bei Vorliegen einer der beschriebenen Prozeßfehler auch repariert. Liegen c oder weniger fehlerhafte Reflektoren vor, so wird nicht in den Produktionsprozeß eingegriffen und es kann ohne Unterbrechung weiter produziert werden.
Mit Hilfe des kostenoptimalen Prüfverfahrens sollen nun der Prüfabstand T, der Stichprobenumfang n und die Annahmezahl c so bestimmt werden, daß der langfristige Gewinn pro produziertem Schweinwerfer maximiert wird.

7.3 Beschreibung der Inspektion

Liegen in der Stichprobe mehr als c unbrauchbare Reflektoren vor, so wird der Produktionsprozeß angehalten. Es beginnt nun die Suche nach dem Prozeßfehler, der die Zunahme der Zahl der defekten Produktionsstücke verursacht hat. Dieser Vorgang der Fehlersuche wird kurz mit Inspektion bezeichnet.

Die Inspektion wird jeweils von speziell geschulten Facharbeitern vorgenommen. Sie erfolgt in drei Schritten:

1. *Schweißen:* Reinigung der Schweißmaschine, anschließend Untersuchung der richtigen Einstellung der Maschine.

2. *Lackieren:* Ablaufprüfung des Lackes zur Kontrolle der Lackzusammensetzung.

3. *Bedampfen:* Reinigung der Bedampfungsanlage, anschließend Untersuchung der richtigen Einstellung der Anlage.

Bei jeder Inspektion werden alle drei Schritte unabhängig davon durchgeführt, welche Produkfehler in der Stichprobe festgestellt worden sind. Dadurch sollen weitere Produktionsunterbrechungen vermieden werden.

Eine Inspektion bei Vorliegen des Zustandes I (falscher Alarm; in Wirklichkeit liegen keine Fehler im Produktionsapparat vor) unterscheidet sich in keiner Weise von einer Inspektion bei Vorliegen des Zustandes II (der Produktionsprozeß weist tatsächlich Fehler auf).

7.4 Beschreibung der Reparatur

Werden bei der Inspektion Prozeßfehler gefunden, so müssen diese behoben werden. Dieser Vorgang der Fehlerbeseitigung wird kurz mit Reparatur bezeichnet. Die verschiedenen Reparaturaufgaben werden von Facharbeitern wahrgenommen, die nur für Reparaturen zuständig sind. Es werden folgende Reparaturmaßnahmen durchgeführt:

1. *Schweißen:* Richtige Einstellung der Schweißmaschine nach deren Reinigung (Justage).

2. *Lackieren:* Reinigung der Lackwanne und neue Mischung des Lackes. Die alte Lackmenge kann nicht wiederverwendet werden.

3. *Bedampfen:* Neueinstellung der Bedampfungsanlage.

Bei jedem Reparaturvorgang werden alle drei Maßnahmen vorgenommen. Es ist kostengünstiger, vorbeugend zu reparieren als einen erneuten, späteren Produktionsstillstand zu riskieren.

7.5 Ermittlung der modellrelevanten Parameter

Bevor in der Fallstudie der kostenoptimale Prüfplan für die Prozeßprüfung erstellt werden kann, müssen eine ganze Reihe von Zeit-, technischen und ökonomischen Parametern bestimmt werden. In diesem Abschnitt soll die Ermittlung dieser modellrelevanten Größen ausführlich beschrieben werden. Dabei wird immer wieder auf die Ausführungen in Kapitel 6 zurückgegriffen, in dem eine detaillierte Beschreibung der einzelnen Kostenelemente gegeben wird.

7.5.1 Zeitparameter

Bei der Ermittlung der Zeitgrößen wird so vorgegangen, wie es in Abschnitt 6.1.1 vorgeschlagen wurde, d.h., die Arbeitszeiten werden mittels Zeitaufschreibungen bestimmt. Für das kostenoptimale Prüfverfahren werden in erster Linie folgende Zeitparameter benötigt: Die Zeit für die Prüfung eines Stückes im Rahmen einer Stichprobenkontrolle t_S, die Zeit einer Inspektion t_1 bzw. t_2 und die Zeit der Reparatur des Produktionsprozesses t_3.

Zeit einer Stichprobenprüfung t_S

Diese Zeitgröße wird bei der Berechnung der Prüfkosten benötigt. Die Zeitmessungen werden während der Vorlaufphase der Prozeßprüfung von einem REFA-Fachmann durchgeführt. Danach benötigt ein Prüfer bei der Sichtprüfung des Reflektors für die Feststellung der drei möglichen Produktfehler und das Führen der np-Karte insgesamt eine Zeit von einer Minute pro geprüftem Stück:

$$t_S = 1\ min = 0,01\bar{6}\ h.$$

Zeit einer Inspektion $t_1 = t_2$

Da die Inspektionen in den Zuständen I und II identisch sind, gilt auch für die Zeiten: $t_1 = t_2$. Hier kann auf Zeitaufschreibungen zurückgegriffen werden, die während der bereits seit längerer Zeit laufenden Produktion belegmäßig erfaßt wurden. Für die durchschnittliche Inspektionszeit liegen daher zuverlässige Angaben vor. Für die auf die unterschiedlichen Produktfehler bezogenen Zeiten der Inspektion wurden die folgenden Werte ermittelt:

$$t_{I,Schw} = 6\ min,$$
$$t_{I,Lack} = 5\ min,$$
$$t_{I,Dampf} = 10\ min.$$

Da die drei Inspektionsmaßnahmen von verschiedenen Arbeitskräften gleichzeitig während des Produktionsstillstandes durchgeführt werden, muß nur die Maßnahme bei der Berechnung der Inspektionszeit berücksichtigt werden, die die längste Zeit beansprucht.

Im Kostenmodell wird damit folgender Wert für die durchschnittliche Zeit einer Inspektion des Produktionsprozesses angesetzt:

$$t_1 = t_2 = t_{I,Dampf} = 10 \ min = 0,1\overline{6} \ h.$$

Zeit einer Reparatur t_3

Auch hier liegen belegmäßig erfaßte Daten für die Reparatur vor. Um Stillstandskosten zu sparen, werden die verschiedenen Reparaturmaßnahmen gleichzeitig durchgeführt. Für die einzelnen Zeiten liegen folgende Zahlen vor:

$$t_{R,Schw} = 15 \ min,$$
$$t_{R,Lack} = 20 \ min,$$
$$t_{R,Dampf} = 30 \ min.$$

Die Zeit für die Neueinstellung der Bedampfungsanlage ist der relevante Wert. Daraus folgt für die durchschnittliche Zeit einer Reparatur des Produktionsapparates:

$$t_3 = t_{R,Dampf} = 30 \ min = 0,5 \ h.$$

7.5.2 Technische Parameter

In diesem Abschnitt wird die Bestimmung der vier technischen Größen v (Produktionsgeschwindigkeit), λ (Parameter der Exponentialverteilung), p_I (Ausschußanteil im zufriedenstellenden Zustand I) und p_{II} (Ausschußanteil im nicht zufriedenstellenden Zustand II) beschrieben.

Produktionsgeschwindigkeit v

Der Wert dieses technischen Parameters hängt vom Produktionsplan und der Auftragslage ab. Auf der Grundlage eines langfristigen Vertrages mit einem Pkw-Hersteller wird für die Anzahl der pro Stunde produzierten Scheinwerfer folgender Wert angesetzt:

$$v = 200 \ Stück/h.$$

Verweildauer in Zustand I, $1/\lambda$

Bei der Bestimmung von λ wird großer Wert auf die Genauigkeit gelegt [1]. Auf Grund der langen Produktions- und Installationsphase vor Einführung der Prozeßkontrolle können zuverlässige Schätzwerte für die Verweildauer in Zustand I berechnet werden. Um die durchschnittliche Dauer des störungsfreien Betriebs zu bestimmen, beobachtet man den Prozeß hinreichend lang und stellt fest, wie lange der Prozeß nach einer

---

[1] λ hat nach dem Verschiebungsparameter den größten Einfluß auf den kostenoptimalen Prüfplan und dessen ökonomischen Folgen. Vgl. dazu die Ausführungen in Abschnitt 3.3 und Kapitel 4.

Erneuerung störungsfrei arbeitet. Man erhält dann N Beobachtungen der Zufallsvariablen T: $t_1, t_2, t_3, ..., t_N$. Für die durchschnittliche Zeit des störungsfreien Betriebs des Prozesses wird somit folgende Schätzformel verwendet:

$$1/\hat{\lambda} = \frac{\sum_{i=1}^{N} t_i}{N}. \qquad (7.1)$$

Mit Hilfe dieser Formel wird in der Fallstudie folgender Schätzwert bestimmt:

$$1/\hat{\lambda} = 100\ h.$$

Danach tritt durchschnittlich alle 100 Stunden Produktionszeit eine Störung des Produktionsprozesses auf. Für den Parameter der Exponentialverteilung erhält man den Wert $\hat{\lambda} = 0,01$.

Es wird angenommen, daß die Verweildauer in Zustand I exponentialverteilt ist. Da die Verletzung dieser Annahme nur geringe Auswirkungen auf den kostenoptimalen Prüfplan hat, wird auf die Durchführung von Anpassungstests zur Überprüfung der Annahme verzichtet.

Ausschußanteile p_I und p_{II}

Die durch Prozeßfehler bedingte Abnahme des Qualitätsniveaus wird bei der np-Karte durch die Erhöhung des Ausschußanteils von p_I (Zustand I) auf p_{II} (Zustand II) beschrieben [2]. Die genaue Schätzung von p_I und p_{II} ist daher genauso wichtig wie die des Verschiebungsparameters δ bei der $\overline{X}$-Karte.

Die lange Produktionsphase vor Einführung der Prozeßprüfung ermöglicht in diesem Beispiel eine zuverlässige Schätzung des Ausschußanteils. Zur Bestimmung der Ausschußanteile eignen sich folgende Schätzer:

$$\hat{p}_I = \frac{\sum_{j=1}^{m} p_{Ij}}{m} \qquad (7.2)$$

bzw.

$$\hat{p}_{II} = \frac{\sum_{j=1}^{m} p_{IIj}}{m}, \qquad (7.3)$$

wobei:

$\hat{p}_I$: Schätzer für den Ausschußanteil in Zustand I (es liegt kein Prozeßfehler vor).

$\hat{p}_{II}$: Schätzer für den Ausschußanteil in Zustand II (es liegt ein Prozeßfehler vor).

m: Anzahl der beobachteten Ausschußanteile p_{Ij} bzw. p_{IIj} während der Vorlaufphase und Produktionsphase.

Im Beispielsfall werden folgende Schätzwerte für die Ausschußanteile berechnet:

$$\hat{p}_I = 0,001 \quad \text{und} \quad \hat{p}_{II} = 0,01.$$

---

[2] Dieser Zusammenhang zwischen p_I und p_{II} kann wie bei der $\overline{X}$-Karte als eine Erhöhung von p_I um ein Vielfaches der Standardabweichung dargestellt werden: $p_{II} = p_I + \delta\sqrt{p_I(1-p_I)}$, wobei δ wieder einen Verschiebungsparameter bezeichnet (vgl. dazu z.B. Duncan (1978)).

7.5.3 Kostenparameter

In diesem Abschnitt soll die Bestimmung aller in das Modell eingehenden Kosten beschrieben werden. Es werden die Bestimmungsformeln und Ausführungen aus Kapitel 6 verwendet. Das Nicht-Vorhandensein einer Plankostenrechnung und damit das Fehlen von zukunftsbezogenen Kostendaten wird die Ermittlung einiger Kostenelemente erschweren. In vielen Fällen wird auch die Durchführung von Sonderrechnungen notwendig sein, um die Kostengrößen in der benötigten Form zu erhalten.

7.5.3.1 Prüfkosten

Es soll die Bestimmung der verschiedenen Kostenarten aus Abschnitt 6.2 bezogen auf den zu untersuchenden Fall aus der Praxis beschrieben werden.

Kosten der Prüfplanung Zur Bestimmung dieser Kosten wird das zweite vereinfachte Verfahren angewandt (vgl. Abschnitt 6.2.1). Die beiden Voraussetzungen werden erfüllt: Es gibt eine eigenständige Kostenstelle für die Abteilung Qualitätssicherung und die Prüfplanung obliegt ausschließlich dieser Abteilung. Den Kostenverrechnungssatz der Kostenstelle *Qualitätssicherung* erhält man aus den Unterlagen der Kostenrechnung. Er beträgt $k_{QS} = 480,-DM$. Es wird erwartet, daß dieser Satz auch in der nächsten Zeit konstant bleiben wird.
Für die Prüfplanung der Prozeßprüfung des Reflektors benötigt die Qualitätssicherungsabteilung einen Arbeitstag, es gilt also $t_{Pl} = 8\,h$. Aus Gleichung (6.3) folgt dann für die Kosten der Prüfplanung:

$$PlK_{Pr} = t_{Pl} \cdot k_{QS} = 3.840,-DM.$$

Da diese Kosten jedoch nur *einmalig* sind, werden sie im Kostenmodell nicht berücksichtigt [3].

Kosten der Qualitätsschulung Der Prüfer wird von einem Techniker in den Umgang mit der np-Karte eingewiesen. Diese „Schulung" erfolgt bereits vor Beginn der Vorlaufphase und dauert eine Stunde. Der Bruttostundenlohnsatz des Technikers beträgt $l_{Sch} = 40,-DM$, der des Prüfers $l_S = 34,-DM$. Die Kosten der Qualitätsschulung setzen sich in diesem Fall aus den Lohnkosten für die Ausfallzeiten des Technikers und des Prüfers zusammen:

$$Sch_{Pr} = l_{Sch} + l_S = 74,-DM.$$

Für die modellrelevanten Kosten der Qualitätsschulung erhält man nach Formel (6.5):

$$Sch_{rel} = \frac{Sch_{Pr}}{t_{Pr,ges}} \approx 0,04\ DM/h.$$

Aber auch hier muß auf die Berücksichtigung der Kosten im Modell verzichtet werden, da die Qualitätsschulung in diesem Falle einen *einmaligen* Vorgang darstellt.

---
[3] Vgl. hierzu die Ausführungen in Abschnitt 6.2.1.

Prüfkosten im engeren Sinn Die Sichtprüfung, bei der die drei möglichen Produktfehler am Reflektor festgestellt werden sollen, erfolgt ohne Hilfe eines Betriebsmittels. Daher kann $BK_S = 0$ gesetzt werden. Die Prüfkosten im engeren Sinn bestehen somit lediglich aus den Lohnkosten eines Prüfers. Der Bruttolohnsatz pro Stunde beträgt $l_S = 34,- DM$. Man erhält also nach (6.6) und (6.1)

$$PK_e = LK_S = l_S \cdot t_S = 0,5\overline{6} \ DM.$$

Die Personaleinsatzplanung des Unternehmens ist so flexibel, daß der Prüfer bei einem prozeßfehlerbedingten Produktionsstillstand sofort in einem anderen Bereich eingesetzt werden kann. Daher werden die Lohnkosten des Prüfers nur im Vollkostenparameter a^*, nicht jedoch im fixen Parameter c_1 berücksichtigt.
Den Bruttolohnsatz l_S kann man aus der Lohnabrechnung entnehmen. Auf Grund des Tarifvertrages können Lohnänderungen für die nächste Zeit ausgeschlossen werden.

Kosten der Prüfdokumentation Diese Kosten entstehen beim Führen der np-Karte (Materialkosten) und der Dokumentation der Ergebnisse in der Abteilung für Qualitätssicherung. Da das Unternehmen nicht über eine Plankostenrechnung verfügt, kann man den Plankostensatz für die Verwaltung nicht bestimmen. Wegen der zu erwartenden sehr geringen Höhe der Kosten der Prüfdokumentation ist es in diesem Fall durchaus zulässig, $DK_S = 0$ zu setzen.

Raumkosten Auch wenn bei der Stichprobenprüfung keine Betriebsmittel eingesetzt werden, müßten dennoch Raumkosten berücksichtigt werden. Für die Prüfung wird ein bestimmter Raum benötigt. Die erforderlichen Verrechnungssätze können jedoch nicht im vorhinein berechnet werden, da keine Plankostenrechnung vorhanden ist. Man müßte als Schätzwerte (pro m^2) die Beträge für eine in der Vergangenheit ähnlich genutzte Raumfläche heranziehen. Da bei der Sichtprüfung nur eine sehr kleine Fläche benutzt wird, werden die Raumkosten jedoch gleich Null gesetzt. Dies erscheint in diesem Fall eher angebracht zu sein, als auf ungenaue Schätzwerte zurückzugreifen.

Zusammenfassung Damit sind die Beträge aller Kostenarten der Prüfkosten ermittelt worden, die bei der Berechnung des kostenoptimalen Prüfplanes benötigt werden. Nach den Formeln (6.21) und (6.22) erhält man für den Vollkostenparameter

$$a^* = LK_S = 0,5\overline{6} \ DM$$

bzw. für den fixen Stichprobenkostenparameter

$$c_1 = 0.$$

7.5.3.2 Inspektionskosten

Gemäß Abschnitt 6.3 bestehen die modellrelevanten Inspektionskosten nur aus Lohnkosten und Kosten der eingesetzten Inspektionsmittel. Zunächst soll untersucht werden, ob hier Betriebsmittelkosten berücksichtigt werden sollen oder ob man wie bei den Prüfkosten darauf verzichten kann. Wie in Abschnitt 7.3 beschrieben, setzt sich die Inspektion des Produktionsapparates aus folgenden Teilvorgängen zusammen: Reinigung der Schweißmaschine, Ablaufprüfung des Lackes und Reinigung der Bedampfungsanlage. Jeder dieser drei Teile stellt eine getrennte und unabhängige Inspektionsmaßnahme dar. Sowohl die Reinigungsvorgänge wie auch die Ablaufprüfung (Laboruntersuchung) sind arbeitsintensive Aufgaben, bei denen die Betriebsmittelkosten nur eine untergeordnete Rolle spielen. Daher beschließt man, auf die Durchführung von Sonderrechnungen zur Ermittlung dieser Kosten zu verzichten und sich auf die Personalkosten zu beschränken.

Für jede Inspektionsmaßnahme wird eine Arbeitskraft benötigt. Der Bruttolohnsatz pro Stunde beträgt jeweils 34,-DM (aus der Lohnabrechnung zu entnehmen). Mit Hilfe der Zeitparameter aus Abschnitt 7.5.1 erhält man so nach Formel (6.23) für die modellrelevanten Inspektionskosten (Vollkostenparameter)

$$\begin{aligned} a_1 \stackrel{.}{=} a_2 = LK_I &= l_{I,Schw} t_{I,Schw} + l_{I,Lack} t_{I,Lack} + l_{I,Dampf} t_{I,Dampf} \\ &= 34 \cdot 0,1 + 34 \cdot 0,08\overline{3} + 34 \cdot 0,1\overline{6} \\ &= 11,90 \ DM. \end{aligned}$$

Da auch hier ein flexibler Einsatz der Arbeitspersonen möglich ist, werden die fixen Inspektionskosten gleich Null gesetzt: $c_2 = 0$.

7.5.3.3 Reparaturkosten

Bei der Reparatur des Produktionsprozesses ist die Situation ähnlich wie bei der Inspektion. Die einzelnen Maßnahmen erfordern keine kostspieligen Reparaturmittel. Das bei der Neueinstellung (Justage) der Schweißmaschine und der Bedampfungsanlage jeweils eingesetzte Werkzeug wird auch in vielen anderen Produktionsbereichen (Gemeinkosten) benutzt, so daß deren anteilige Kosten vernachlässigbar klein sind. Daher wird auch hier auf die Berücksichtigung von Betriebsmittelkosten verzichtet. Die Aufgabe der Reinigung der Lackwanne übernimmt ein Arbeiter (Lohnsatz von 34,-DM), während die Neueinstellungen der Maschinen jeweils von einem Facharbeiter (Lohnsatz von 50,-DM) durchgeführt werden müssen. Für den Vollkostenparameter der Reparatur ergibt sich nach Formel (6.25) folgender modellrelevanter Betrag:

$$\begin{aligned} a_3 = LK_R &= l_{R,Schw} t_{R,Schw} + l_{R,Lack} t_{R,Lack} + l_{R,Dampf} t_{R,Dampf} \\ &= 50 \cdot 0,25 + 34 \cdot 0,\overline{3} + 50 \cdot 0,5 \\ &= 48,8\overline{3} \ DM. \end{aligned}$$

Auf Grund eines Ausnutzungsgrades des Lackes von 95% können die Kosten für die alte, nicht wiederverwendbare Lackmenge wegen ihrer geringen Höhe vernachlässigt werden. Die flexible Personaleinsatzplanung des Unternehmens verhindert auch in diesem Fall, daß die Arbeitskräfte prozeßfehlerbedingt ohne Beschäftigung bleiben. Daher kann man die fixen Reparaturkosten gleich Null setzen: $c_3 = 0$.

7.5.3.4 Fixe Produktionskosten

Im fixen Produktionskostenparameter c_4 müssen die mit der Herstellung der Scheinwerfer zusammenhängenden Stillstandskosten berücksichtigt werden. Insbesondere handelt es sich hier um die Abschreibungsbeträge der Maschinenanlagen und die Lohnkosten der Arbeiter [4]. Diese Kosten fallen auch dann an, wenn die Produktionsbänder stehen, d.h., sie sind unabhängig von der Ausbringungsmenge.

Im Kostenplan für die Pkw-Scheinwerfer werden die Produktionskosten in einen fixen und einen variablen (von der Produktionsmenge abhängigen) Teil gegliedert. Es handelt sich jedoch um Istkosten, d.h. um Kosten aus der vergangenen Rechnungsperiode. Es wird davon ausgegangen, daß sich die Kosten in der nächsten Zeit nur geringfügig verändern werden. Daher wird für den modellrelevanten fixen Produktionskostenparameter der folgende Betrag angenommen:

$$c_4 = 302,-DM.$$

7.5.3.5 Fehlerkosten

Die Bestimmung der Fehlerkosten gestaltet sich in diesem Beispielsfall einfacher als es die Ausführungen in Abschnitt 6.4 vermuten lassen.
Da fehlerhafte Reflektoren nicht nachgearbeitet, sondern als Ausschuß deklariert werden, bestehen die internen Fehlerkosten aus den modellrelevanten Ausschußkosten. Auf Grund des sehr hohen Qualitätsniveaus des Unternehmens wird auf die Berücksichtigung von externen Fehlerkosten ganz verzichtet. In der Vergangenheit sind nur sehr wenige Fälle der Gewährleistung und Kulanzleistung aufgetreten. Bisher wurden noch keine Produkthaftungsansprüche geltend gemacht. Aus diesem Grund hat das Unternehmen auch keine Produkthaftpflichtversicherung für diesen Pkw-Scheinwerfer abgeschlossen.

Ausschußkosten Die akkumulierten Herstellkosten des Schweinwerfers nach der ersten Fertigungsstufe kann man aus dem Fertigungsplan entnehmen. Sie betragen 4,-DM pro Stück. Es wird davon ausgegangen, daß bei der Prozeßprüfung nicht alle defekten Reflektoren entdeckt und ausgesondert werden können. Daher muß zu dem genannten Kostenbetrag noch ein Wert hinzuaddiert werden, der die Kosten enthält, die zusätzlich anfallen, wenn die Produktfehler erst in der zweiten oder dritten Fertigungsstufe oder erst bei der Ausgangskontrolle entdeckt werden. Aus einer Untersuchung der Ausschußkosten bei der Produktion von anderen Pkw-Scheinwerfern wird ein Betrag von 2,67 DM für diese zusätzlichen Kosten abgeleitet. Die auf die erste Fertigungsstufe bezogenen durchschnittlichen Ausschußkosten pro Scheinwerfer betragen dann

$$AK = 4,-DM + 2,67\ DM = 6,67\ DM.$$

---

[4] Hier ist es nicht möglich, die Arbeitskräfte während des Produktionsstillstandes in einem anderen Bereich einzusetzen.

Eine genaue Analyse des Fehlerentdeckungsortes wird erst nach Einführung der Prozeßprüfung möglich sein.

Da auch hier keine Planwerte zur Verfügung stehen, muß man wieder die Istkosten ansetzen. Es wird erwartet, daß die Kosten und die Kostenstruktur in der nächsten Zeit unverändert bleiben werden.

Für die modellrelevanten Ausschußkosten, die identisch mit den gesamten Fehlerkosten sind, berechnet man aus Formel (6.12)

$$f = (\dot{g}_1 - \dot{g}_2) = AK_{rel} = \frac{AK}{x_G} \cdot \Delta x_d = (p_I - p_{II}) \cdot AK$$
$$= (0,01 - 0,001) \cdot 6,67$$
$$= 0,06 \ DM.$$

Wegen des hohen Qualitätsniveaus betragen die Fehlerkosten nur 6 Pf/Stück.

7.6 Berechnung des kostenoptimalen Prüfplanes

Alle in der Fallstudie für das kostenoptimale Verfahren benötigten modellrelevanten Größen liegen nun in der geeigneten Form vor. Folgende Werte wurden im einzelnen ermittelt:

Zeitparameter:
$t_1 = t_2 = 0,1\overline{6} \ h$
$t_3 = 0,5 \ h$

Technische Parameter:
$v = 200$
$\hat{\lambda} = 0,01$
$\hat{p}_I = 0,001$
$\hat{p}_{II} = 0,01$

Kostenparameter:
$a^* = 0,5\overline{6}$
$c_1 = 0$
$a_1 = a_2 = 11,90 \ DM$
$c_2 = 0$
$a_3 = 48,8\overline{3} \ DM$
$c_3 = 0$
$c_4 = 302,- DM$
$f = (g_1 - g_2) = 0,06 \ DM$

Damit ergeben sich nach (3.2) und (3.3) folgende Werte für die ökonomischen Schlüsselparameter:

$$a^* = 0,5\bar{6} \; DM,$$
$$e^* = a_1 + t_1(c_1 + c_2 + c_3 + c_4)$$
$$= 62,23 \; DM,$$
$$b^* = (g_1 - g_2)\frac{v}{\lambda} - (a_2 + a_3) - (t_2 + t_3)(c_1 + c_2 + c_3 + c_4)$$
$$= 937,9\bar{3} \; DM.$$

Für die relativen Stichprobenkosten und den relativen Nutzen pro Erneuerung erhält man nach (3.13) und (3.12)

$$a = \frac{a^*}{e^*} = 0,0091$$

bzw.

$$b = \frac{b^*}{e^*} = 15,07.$$

Nun kann man den Algorithmus zur Bestimmung eines approximativ kostenoptimalen Prüfplanes aus Abschnitt 3.2.4 anwenden.

Schritt 1:

$$a_0 = \frac{a}{p_I} = 9,1$$

und

$$d = \frac{p_{II}}{p_I} = 10.$$

Schritt 2:
Die Nomogramme im Anhang sind für einen so hohen Wert von a_0, der durch den hohen Qualitätsstandard des Pkw-Scheinwerfers bedingt ist, nicht mehr anwendbar. Daher müssen die optimale Annahmezahl und der Stichprobenumfang gesondert berechnet werden. Aus Tabelle 2 bei v. Collani (1986b) folgt sofort für die Annahmezahl: $c^* = 0$. Die Bestimmung des kostenoptimalen Stichprobenumfangs erfolgt durch eine sukzessive Berechnung von Π aus (3.14) für verschiedene Werte von n. Bei Anwendung der SIR-Strategie erhält man so folgenden optimalen Stichprobenumfang:

$$n_{SIR} = 8.$$

Schritt 3:
Entfällt, da Formel (3.19) angewandt wird.

Schritt 4:
Die Wahrscheinlichkeiten für den Fehler erster und zweiter Art ergeben sich aus (3.17) und (3.18) zu

$$\alpha = 1 - \binom{8}{0} \cdot 0,001^0 \cdot (1-0,001)^8$$
$$= 0,00797206$$

bzw.

$$\beta = \binom{8}{0} \cdot 0,01^0 \cdot (1-0,01)^8$$
$$= 0,9227447.$$

Für den kostenoptimalen Kontrollabstand T^*_{SIR} folgt dann aus Formel (3.19):

$$T^*_{SIR} = \frac{1}{\lambda}\sqrt{\left(\frac{2(1-\beta)^2}{1+\beta}\right)\left(\frac{an+\alpha}{b(1-\beta)+\alpha}\right)}$$
$$= 2,0689 \approx \underline{2\ h}.$$

Damit lautet der approximativ optimale Prüfplan bei Anwendung der SIR-Strategie

$$(T^*_{SIR}, n^*_{SIR}, c^*_{SIR}) = (2; 8; 0).$$

Die Prozeßprüfung sollte also danach folgendermaßen erfolgen:
Nach jeweils zwei Stunden wird eine Stichprobe von acht Reflektoren aus der laufenden Produktion nach der ersten Fertigungsstufe entnommen. Stellt der Prüfer an den acht Reflektoren einen oder mehrere der beschriebenen Produktfehler fest, so wird der Produktionsprozeß angehalten, eine Inspektion (Suche nach Prozeßfehlern) eingeleitet und gegebenenfalls eine Reparatur der Prozeßfehler durchgeführt. Befindet sich kein fehlerhafter Reflektor in der Stichprobe, so kann der Produktionsapparat unverändert weiterlaufen.

Der langfristige durchschnittliche Gewinn pro Scheinwerfer beträgt bei Anwendung der kostenoptimalen np-Karte und der SIR-Strategie nach Formel (3.11)

$$\Pi^*_{SIR} = \frac{e^*}{v} \cdot \frac{1}{T}\left[\frac{b(e^{\lambda T}-1)-\alpha}{e^{\lambda T}-\beta}(1-\beta) - an\right] + g_2$$
$$= 0,02439 + g_2.$$

Der Gewinnbetrag liegt beim SIR-optimalen Prüfplan um 2,4 Pf höher als wenn keine Qualitätsmaßnahmen (Stichprobe, Inspektion, Reparatur) durchgeführt würden.
Der durchschnittliche Gewinn pro Stück im Zustand II, g_2, läßt sich wie folgt berechnen. Der Gewinn bei Verkauf eines einwandfreien Scheinwerfers beträgt $G_+ = 5,-DM$. Den Betrag kann man aus den Unterlagen für die Preiskalkulation entnehmen. Dieser

Gewinn abzüglich der Ausschußkosten pro Stück (als einzige Fehlerkosten) ergibt den Gewinn für einen fehlerhaften Scheinwerfer

$$\begin{aligned} G_- &= G_+ - AK \\ &= -1,67\ DM. \end{aligned}$$

Da nun G_+ und G_- bekannt sind, lassen sich die durchschnittlichen Gewinne pro Stück in den Zuständen I und II nach den Formeln (3.15) und (3.16) berechnen:

$$\begin{aligned} g_1 &= G_+ - (G_+ - G_-)p_I \\ &= 4,99\ DM \end{aligned}$$

bzw.

$$\begin{aligned} g_2 &= G_+ - (G_+ - G_-)p_{II} \\ &= 4,93\ DM. \end{aligned}$$

Für den langfristigen durchschnittlichen Gewinn pro Scheinwerfer bei Anwendung der SIR-Strategie ergibt sich somit

$$\Pi^*_{SIR} = 4,96\ DM.$$

Für den standardisierten Gewinn pro Stück gilt nach (3.14)

$$\Pi_{SIR} = 8,16\ DM.$$

Schritt 5:
Der hohe Wert von a_0 läßt vermuten, daß Routineinspektionen (No-Sampling-Alternative) kostengünstiger als die SIR-Strategie sind. Daher sollen hier die Werte von Π_{IR} und Π_{SIR} verglichen werden. Für den approximativ IR-optimalen Inspektionsabstand erhält man durch Iteration aus Gleichung (3.20) den folgenden Wert:

$$\underline{T^*_{IR} = 40,35\ h \approx 40\ h.}$$

Der standardisierte Gewinn ergibt sich aus (3.22) zu

$$\begin{aligned} \Pi_{IR} &= \frac{1}{x}\left(\frac{b(e^x - 1) - 1}{e^x}\right) \\ &= 10,74\ DM. \end{aligned}$$

Da $\Pi_{IR} > \Pi_{SIR}$ gilt, ist die IR-Strategie erwartungsgemäß kostenoptimal. Der kostenoptimale Prüfplan lautet also

$$(T^*_{IR}, 0, 0) = (40, 0, 0).$$

Konkret bedeutet er folgendes: Nach jeweils 40 Produktionsstunden wird der Produktionsprozeß unterbrochen und auf Prozeßfehler hin untersucht. Liegen solche Fehler vor, so erfolgt anschließend eine Reparatur. Stichprobenprüfungen werden nicht durchgeführt.

Dieser Prüfplan ergibt eine sehr interessante Konstellation. Da der kostenoptimale Inspektionsabstand mit der in der Industrie üblichen Arbeitszeit von einer Woche (40-Stunden-Woche) übereinstimmt, könnte man einen Teil der berücksichtigten fixen Kosten einsparen, wenn die Inspektions- und Reparaturmaßnahmen außerhalb der Produktionszeiten (z.B. samstags) durchgeführt würden.
Dieses Vorgehen entspricht dem im untersuchten Industriebetrieb tatsächlich praktizierten Qualitätssicherungskonzept. Jeden Samstag werden dort die Bedampfungsanlage und ggf. auch die Schweiß- und Lackieranlage bei Bedarf komplett überholt. Man weicht auf den Samstag aus, um den Produktionsprozeß während der Produktionszeit nicht unterbrechen zu müssen und so fixe Kosten einzusparen. Daß die Qualitätsmaßnahmen jeweils alle 40 Stunden durchgeführt werden, hat einen einfachen tarifpolitisch bedingten Grund: Die Einführung der 5-Tage-Woche (40-Stunden-Woche). Statistische und genaue ökonomische Analysen spielten bei der Festlegung dieses Inspektionsabstandes keine Rolle.

Für die weiteren Überlegungen halten wir die Ergebnisse des kostenoptimalen Verfahrens nochmals fest. Kostenoptimal ist in dieser Fallstudie die IR-Kontrollstrategie. Der approximativ kostenoptimale Prüfplan lautet

$$(T^*, n^*, c^*) = (40, 0, 0)$$

bei einem langfristigen durchschnittlichen Gewinn pro Scheinwerfer von

$$\Pi^*_{opt} = \Pi^*_{IR} = 4,97 \ DM$$

bzw. beim standardisierten Gewinn von

$$\Pi_{opt} = \Pi_{IR} = 10,74 \ DM.$$

Um den relativen Vorteil des kostenoptimalen Prüfplanes gegenüber den sonst üblicherweise benutzten Methoden zu zeigen, untersuchen wir die Gewinne bei Anwendung des folgenden herkömmlichen Prüfplanes [5]:

$$(T_{herk}, n_{herk}, c_{herk}) = (1, 40, 1).$$

---

[5]Schaafsma/Willemze (1973) schreiben von Stichprobengrößen bei der Attributenkontrolle, die gewöhnlich zwischen 20 und 60 variieren. Lorenzen/Vance (1986) erwähnen mehrere herkömmliche Prüfpläne, bei denen n zwischen 25 und über 50 schwankt. Als Kontrollabstand wird oft eine Stunde gewählt. Für die np-Karte gibt es im Gegensatz zur $\overline{X}$-Karte keine einheitliche Regel, nach der der Prüfplan festgelegt wird. Es wird angenommen, daß der hier gewählte Prüfplan in dieser Form zum Teil auch in der Praxis angewandt wird.

Für den langfristigen durchschnittlichen Gewinn pro Scheinwerfer bei Anwendung der herkömmlichen np-Karte erhält man nach (3.11)

$$\Pi^*_{herk} = -0,0727694 + g_2$$
$$= 4,86 \; DM$$

und für den entsprechenden standardisierten Gewinn

$$\Pi_{herk} = -23,39 \; DM.$$

Die Effizienz beträgt dann nach (4.1)

$$E = \frac{\Pi_{opt} - \Pi_{herk}}{\Pi_{opt}}$$
$$= 3,1768.$$

Durch die Anwendung des kostenoptimalen Prüfverfahrens erreicht man bei dieser Prozeßprüfung eine extrem hohe Effizienz. Der Gebrauch des herkömmlichen Prüfplanes führt zu einem Gewinnrückgang, der das zweifache $(3,1768 - 1 = 2,1768)$ des standardisierten Gewinns beträgt, den man bei Anwendung des kostenoptimalen Verfahrens erzielt.

Dieser sehr hohe Effizienzwert ergibt sich u.a. aus folgendem Sachverhalt: Zwischen den beiden Ausschußanteilen in Zustand II und I gilt bekanntlich die Beziehung

$$p_{II} = p_I + \delta \sqrt{p_I(1 - p_I)},$$

wobei δ den Verschiebungsparameter darstellt.

In diesem Beispiel berechnet man für den Verschiebungsparameter

$$\delta = 0,2347.$$

Dieser sehr niedrige Wert des Verschiebungsparameters erklärt die extrem hohe Effizienz.

Nach Abschluß der ökonomischen Untersuchungen muß der Leiter der Qualitätssicherung entscheiden, ob eine und gegebenenfalls welche Prozeßprüfung eingeführt werden soll. Es gibt folgende vier Alternativen:

1. *Kostenoptimaler Prüfplan* $\implies \Pi^*_{opt} = 4,97 \; DM.$

2. *Optimaler SIR-Prüfplan* $\implies \Pi^*_{SIR} = 4,96 \; DM.$

3. *Keine Qualitätsmaßnahmen* $\implies \Pi^*_0 = g_2 = 4,93 \; DM.$

4. *Herkömmlicher Prüfplan* $\implies \Pi^*_{herk} = 4,86 \; DM.$

Bei einer angenommenen Jahresproduktion von 384.000 Scheinwerfern betragen die jährlichen Gewinndifferenzen im Vergleich zum kostenoptimalen Prüfplan jeweils

$$(\Pi^*_{opt}(Jahr) - \Pi^*_{SIR}(Jahr)) = 3.585,48 \; DM,$$
$$(\Pi^*_{opt}(Jahr) - \Pi^*_{0}(Jahr)) = 12.939,07 \; DM,$$
$$(\Pi^*_{opt}(Jahr) - \Pi^*_{herk}(Jahr)) = 40.894,04 \; DM.$$

In diesem Beispiel wäre es sogar günstiger, auf jede Qualitätsmaßnahme zu verzichten als den herkömmlichen Prüfplan anzuwenden. Die Entscheidung fällt erwartungsgemäß auf die erste Alternative. Die Anwendung des kostenoptimalen Prüfplanes führt im Vergleich zum herkömmlichen Verfahren zu deutlichen Kostenvorteilen. Die Einführung einer kostenoptimalen Prozeßkontrolle bewirkt langfristig eine Erhöhung des Gewinns.

Es zeigt sich hier besonders deutlich, daß die kostenoptimale Methode dazu beiträgt, Ineffizienzen in der Qualitätssicherung aufzuzeigen.

7.7 Vergleich zwischen der IR- und der SIR-Kontrollstrategie

Das Ergebnis der Fallstudie zeigt deutlich, wie wichtig ein Vergleich zwischen den beiden Kontrollstrategien SIR (Stichprobe, Inspektion, Reparatur) und IR (keine Stichprobenprüfung) bei hohen Werten von a_0 sein kann. Beschränkt man sich auf die Betrachtung der SIR-Strategie, läuft man Gefahr, daß der vermeintlich kostenoptimale Prüfplan in Wahrheit ineffizient ist.
Im vorliegenden Beispiel erhält man für die Differenz der jeweiligen standardisierten Gewinne den hohen Wert von $(\Pi_{IR} - \Pi_{SIR}) = 2,58$ DM. Damit liegt der bei der SIR-Strategie erzielbare Gewinn um 24% unter dem bei der No-Sampling-Alternative zu erwartende Wert.

Diese Betrachtungen zeigen auch, welche Richtung die Forschung auf diesem Gebiet in Zukunft nehmen könnte. Ziel sollte die Entwicklung eines kostenoptimalen Prüfverfahrens der Prozeßkontrolle sein, das simultan alle Kontroll- und Instandhaltungsmaßnahmen berücksichtigt, so u.a. auch die präventive Erneuerung.

In diesem Abschnitt soll nun untersucht werden, unter welchen veränderten Parameterkonstellationen die SIR-Strategie anstelle der No-Sampling-Alternative den kostenoptimalen Prüfplan liefern würde. Dazu wird das Verhältnis Π_{IR}/Π_{SIR} betrachtet. Ein Wert von $\Pi_{IR}/\Pi_{SIR} > 1$ bedeutet, daß die IR-Strategie kostenoptimal ist; bei $\Pi_{IR}/\Pi_{SIR} < 1$ ist die Einbeziehung einer Stichprobenprüfung am günstigsten; bei $\Pi_{IR}/\Pi_{SIR} = 1$ sind beide Kontrollstrategien gleichermaßen optimal.

Verkleinerungs-faktor von a	kostenopt. Prüfplan (T^*, n^*, c^*)	Π_{SIR}	Π_{IR}/Π_{SIR}
1	(2,07;8;0)	8,16	1,32
2	(2,49;13;0)	9,85	1,09
3	(2,61;16;0)	10,58	1,02
4	(2,79;19;0)	11,01	0,98
5	(2,86;21;0)	11,30	0,95

Tabelle 7.1: Π_{IR}/Π_{SIR} für verschiedene Verkleinerungsfaktoren von a

Die Entscheidung über die Optimalität der Strategien IR und SIR hängt in erster Linie von der Höhe von a_0 ab. Dieser Parameter besteht aus dem Quotienten der relativen Stichprobenkosten a und des Ausschußanteils p_I (bei der np-Karte) bzw. des Quadrats des Verschiebungsparameters δ (bei der $\overline{X}$-Karte).

Wir beschränken uns auf die Betrachtung der Auswirkungen von Veränderungen von a. Die Stichprobenkosten werden sukzessive um einen größer werdenden Faktor verkleinert bis $\Pi_{IR}/\Pi_{SIR} < 1$ gilt. Alle anderen Parameter werden unverändert gelassen. Das Ergebnis der Berechnungen ist in Tabelle 7.1 zusammengefaßt.

Fazit: Man müßte die relativen Stichprobenkosten a um einen Faktor von über 3 verringern, damit die SIR-Strategie kostengünstiger als die No-Sampling-Alternative ist. Erst wenn die Kosten der Stichprobenprüfung eines Reflektors a^* geringer als $0,1\overline{8}$ DM sind, beinhaltet der kostenoptimale Prüfplan der Prozeßkontrolle eine Stichprobenkontrolle.

Die gleiche Wirkung läßt sich analog durch eine Erhöhung der Ausschußanteile p_I und p_{II} um einen Faktor von über 3 (d.h. bei $p_I > 0,003$, $p_{II} > 0,03$) erzielen. Veränderungen des Nutzens pro Erneuerung b haben keinen Einfluß auf die Entscheidung, welche Strategie kostenoptimal ist. Die Berechnungen ergaben, daß der Wert des Verhältnisses Π_{IR}/Π_{SIR} ceteris paribus mit steigendem b abnimmt ohne jedoch den Wert 1 zu erreichen.

7.8 Zusammenfassung und Schlußfolgerungen

Anhand eines praktischen Beispiels aus der Automobil-Zubehörindustrie wird die Anwendbarkeit des kostenoptimalen Prüfverfahrens in der Prozeßkontrolle untersucht. Alle Voraussetzungen des Modell werden erfüllt. Der Schwerpunkt der Ausführungen liegt bei der Darstellung der Ermittlung der modellrelevanten Parameter.

Die Bestimmung der Zeitgrößen erfolgt durch Zeitaufschreibungen während der Vorlaufphase und zum Teil auch während der bereits laufenden Produktion. Da die Produktion der zu untersuchenden Pkw-Scheinwerfer schon vor Einführung der Prozeßprüfung angelaufen ist, lassen sich zuverlässige Werte für die technischen Parameter schätzen. Dies ist eine wichtige Voraussetzung für die richtige Anwendung der kostenoptimalen Prüfmethode.

Die Ermittlung der Kostenparameter erweist sich als weniger aufwendig als es nach den Ausführungen in Kapitel 6 zu erwarten war. Die Kosten der drei Qualitätsmaßnahmen bestehen im wesentlichen aus den Personalkosten. Die anderen Kostenarten sind überwiegend vernachlässigbar klein, so daß auf eine genaue Ermittlung verzichtet werden kann.
Problematisch ist dagegen auch hier die Schätzung der Fehlerkosten. Auf Grund des hohen Qualitätsniveaus müssen die schwer quantifizierbaren externen Fehlerkosten nicht behandelt werden. Als Fehlerkosten bleiben lediglich die Ausschußkosten übrig. Eine genaue Schätzung dieser Kosten ist jedoch aus den in Abschnitt 6.4.1 erläuterten Gründen nicht möglich.

Die Berechnung des kostenoptimalen Prüfplanes liefert ein sehr plausibles und leicht in die Praxis umsetzbares Ergebnis. Die Kosteneinsparungsmöglichkeiten bei Anwendung dieses Verfahrens sind groß im Vergleich zur herkömmlichen Methode und im Vergleich zum Verzicht auf eine Prozeßprüfung. Mit Hilfe der ökonomisch-statistischen Untersuchungen gelingt es, unwirtschaftliche Handlungen im Zusammenhang mit der Prozeßprüfung aufzudecken.

Aus den Erfahrungen mit der vorliegenden Fallstudie kann man folgendes Vorgehen für die Ermittlung der modellrelevanten Kosten vorschlagen:

1. *Untersuchung der ökonomischen Hintergründe der speziellen Prozeßprüfung.* In dieser Phase sollte man einen Überblick über die verschiedenen Kostenarten und -elemente gewinnen, die eventuell berücksichtigt werden müssen. Eine erste Abschätzung der Kostengrößen soll Aufschluß darüber geben, welche Kostenelemente vernachlässigt werden können.

2. *Ermittlung der relevanten Kosten.* Nach dem Ausscheiden vieler Kostenarten und -elemente in der ersten Phase bestehen die Prüf-, Inspektions- und Reparaturkosten überwiegend aus Lohnkosten oder Betriebsmittelkosten oder einer Kombination der beiden. Hier ist in der Regel eine problemlose Ermittlung mit Hilfe der Lohnabrechnung und der Anlagenrechnung möglich. Die fixen Produktionskosten kann man aus der Kostenrechnung (Kostenplan) entnehmen. Trotz vieler Vereinfachungen bleibt die Bestimmung der Fehlerkosten problematisch. Auch wenn man, wie im vorliegenden Fall, auf die Berücksichtigung der externen Fehlerkosten ganz verzichten kann, ist eine genaue Schätzung der modellrelevanten Ausschußkosten nicht möglich.

Die Ermittlung der Kostendaten ist oft nicht so kompliziert, wie es in Kapitel 5 und 6 scheint. Da man in der ersten Phase oft einen großen Teil der möglichen Kostenarten und -elemente vernachlässigen kann, ist es möglich, sich auf nur relativ wenige Kostengrößen zu beschränken. Diese Kostendaten sind dann in vielen Unternehmen vorhanden. Man stößt jedoch auf organisatorische und institutionelle Hindernisse, die eine Ermittlung der modellrelevanten Kosten erschweren können.

Im nächsten Kapitel werden die hier beschriebene Fallstudie sowie die Beispiele aus Kapitel 3 fortgesetzt. Dabei soll kurz dargestellt werden, wie das kostenoptimale Prüfverfahren von v. Collani auch außerhalb des Bereichs der Qualitätssicherung genutzt werden kann.

Kapitel 8

Beurteilung technischer Veränderungen des Prozesses

In diesem Kapitel werden beispielhaft die Möglichkeiten der Anwendung der kostenoptimalen Methode als Entscheidungshilfe im Managementbereich dargestellt. Die Gewinnfunktion kann zur Beurteilung von Produktionsveränderungen und Investitionsmaßnahmen herangezogen werden. Diese Variationen des Produktionsprozesses beeinflussen die Höhe einiger technischer Parameterwerte, wodurch die Gewinne Π^* der Profitfunktion verändert werden.

Ziel dieses Kapitels ist es, aufzuzeigen, daß die Anwendung des kostenoptimalen Verfahrens nicht nur auf die ökonomische Gestaltung der statistischen Prozeßprüfung beschränkt bleiben muß. Die Methode kann auch als eine von vielen Entscheidungshilfen im Managementbereich benutzt werden. Das kostenoptimale Verfahren stellt insofern eine Art von *Decision Support System (DSS)* dar [1]. Es zeigt sich, daß eine detaillierte und systematische Darstellung der ökonomischen Hintergründe der Prozeßprüfung auch außerhalb des Bereichs der Qualitätssicherung von Nutzen sein kann.

Bei Produktionsumstellungen, die ohne vorherige Investition vollzogen werden können, genügt es in der Regel, die beiden Werte Π^*_{neu} und Π^*_{alt} zu vergleichen, um die Maßnahme zu beurteilen. Produktänderungen bewirken z.B. bei der $\overline{X}$-Karte Veränderungen im Sollwert μ und ggf. in der Prozeßvariabilität. Das kann die Ausschußquote und damit die durchschnittlichen Gewinne g_1 und g_2 beeinflussen.
Investitionsprojekte zur Verbesserung der Produktqualität bewirken eine Herabsetzung der Ausschußanteile p_I und p_{II} und eine Erhöhung der Verweildauer im Zustand I. Daneben werden jedoch auch einige ökonomische Parameter beeinflußt, wie z.B. die fixen Produktionskosten und auch wieder die Gewinne g_1 und g_2. Da Investitionen mit einem finanziellen Aufwand verbunden sind, müssen zur Beurteilung dieser Maßnahmen

---

[1] Unter einem Decision Support System versteht man im allgemeinen ein EDV-gestütztes System zur Entscheidungshilfe (meist auf der Managementebene) bei der Lösung von Problemen. Vgl. dazu z.B. Sprague/Watson (1986).

investitionstheoretische Kennzahlen herangezogen werden [2].

Im folgenden soll anhand von Beispielen dargestellt werden, wie das Modell der kostenoptimalen Prozeßkontrolle in praktischen Fällen als Entscheidungshilfe bei Produktionsveränderungen und Investitionsmaßnahmen benutzt werden kann. Dazu werden die Beispiele aus den vorhergehenden Kapiteln übernommen und fortgesetzt.

8.1 Fortsetzung von Beispiel 3.1

Die Geschäftsleitung überprüft die Möglichkeit der Anschaffung einer neuen Produktionsanlage zur Herstellung von Druckschaltern für Elektrogeräte. Neben anderen Verfahren wird auch die kostenoptimale Prüfmethode als Entscheidungshilfe herangezogen.

Durch die Investition soll der Ausschußanteil deutlich gesenkt werden. Das Maschinenbauunternehmen, das den gesamten Produktionsapparat liefern soll, verspricht auf der Grundlage eigener Produktionstests Ausschußanteile von $p_I^{neu} = 0,001$ bzw. bei Vorliegen von Prozeßfehlern von $p_{II}^{neu} = 0,01$. Dadurch erhöht sich gleichzeitig die Verweildauer des Produktionsprozesses im zufriedenstellenden Zustand I. Der Parameter der Exponentialverteilung sinkt auf den Wert von $\lambda_{neu} = 0,005$.
Die Anschaffungskosten der neuen Produktionsanlagen betragen inklusive Montage 200.000,-DM. Für die alten Maschinen findet sich kein Käufer. Der erzielbare Schrottwert entspricht den Kosten der Demontage. Die Netto-Auszahlung zum Zeitpunkt 0 beträgt somit 200.000,-DM. Die Nutzungsdauer der Anlage wird auf 4 Jahre geschätzt. Der jährliche lineare Abschreibungsbetrag ergibt sich zu 50.000,-DM. Auf eine Stunde umgerechnet erhält man den Betrag von 26,04 DM, um den sich die fixen Produktionskosten c_4 erhöhen.
Die Produktionszahl von v=1000 Stück/h bei 1.920 Produktionsstunden pro Jahr soll auch in den nächsten Jahren beibehalten werden. Auf Grund dieser hohen Produktionsmenge geht man davon aus, daß die Gewinne für einen einwandfreien Schalter und für einen defekten Schalter nur unwesentlich sinken werden.

Damit ergibt sich folgende gegenüber Beispiel 3.1 veränderte Datenkonstellation:

$$p_I^{neu} = 0,001 \quad < \quad p_I^{alt} = 0,0065,$$
$$p_{II}^{neu} = 0,01 \quad < \quad p_{II}^{alt} = 0,02,$$
$$\lambda_{neu} = 0,005 \quad < \quad \lambda_{alt} = 0,01,$$
$$c_4^{neu} = 326,04 \; DM \quad > \quad c_4^{alt} = 300,-DM.$$

Alle weiteren ökonomischen und technischen Parameter bleiben von der Investitionsmaßnahme unberührt.

---
[2] Vgl. dazu die einschlägige Literatur zur Investitionstheorie, z.B. Hax (1979).

Der durchschnittliche Gewinn pro Schalter bei Produktion in Zustand I und II wird nach (3.15) und (3.16) wie folgt neu berechnet:

$$g_1^{neu} = G_+ - (G_+ - G_-)p_I = 1,08518\ DM\ <\ g_1^{alt} = 1,-DM\quad \text{bzw.}$$
$$g_2^{neu} = G_+ - (G_+ - G_-)p_{II} = 0,9518\ DM\ <\ g_2^{alt} = 0,80\ DM.$$

Die Differenz der beiden Gewinne beträgt

$$(g_1^{neu} - g_2^{neu}) = 0,13338\ DM.$$

Für die ökonomischen Schlüsselparameter erhält man so

$$a_{neu}^* = a_{alt}^* = 0,10\ DM,$$
$$e_{neu}^* = 53,32\ DM \approx e_{alt}^* = 53,06\ DM,$$
$$b_{neu}^* = 26.303,44\ DM > b_{alt}^* = 19.652,88\ DM$$

und für die relativen Werte

$$a_{neu} \approx 0,019 = a_{alt}$$

bzw.

$$b_{neu} = 493,31\ DM > b_{alt} = 370,39\ DM.$$

Der approximativ kostenoptimale Prüfplan wird mit Hilfe des Algorithmus aus Abschnitt 3.2.4 berechnet. Man erhält

$$(T_{neu}^*, n_{neu}^*, c_{neu}^*) = (2,5; 110; 1)$$

im Vergleich zum alten Prüfplan $(T_{alt}^*, n_{alt}^*, c_{alt}^*) = (3,1; 110; 1)$. Man erkennt, daß sich lediglich die Kontrollhäufigkeit geändert hat: Der Kontrollabstand wird reduziert, während der Stichprobenumfang und die Annahmezahl unverändert bleiben. Dieser Zusammenhang resultiert aus der Tatsache, daß von den Schlüsselparametern nur der Nutzen pro Erneuerung b^* wesentlich verändert wurde.

Der langfristige durchschnittliche Gewinn pro Druckschalter beträgt damit bei Einsatz der neuen Produktionsanlage

$$\Pi_{neu}^* = 1,0731\ DM > \Pi_{alt}^* = 0,9842\ DM$$

und der standardisierte Gewinn

$$\Pi_{neu} = 455,1369\ DM > \Pi_{alt} = 347,0837\ DM.$$

Der zusätzliche Stückgewinn bei Durchführung der Investition beträgt $(\Pi_{neu}^* - \Pi_{alt}^*) = 0,0889\ DM$. Für den Mehrgewinn pro Jahr erhält man damit bei einer angenommenen Produktion von 1.920.000 Druckschaltern

$$\Delta\Pi^*(Jahr) = 170.688,-DM.$$

Zur Beurteilung der geplanten Investitionsmaßnahme wird die investitionstheoretische Kennzahl des Kapitalwerts benutzt, die sich für die gegebene Situation am besten eignet. Der Kapitalwert ist die Summe aller mit dem Kalkulationszins auf den Zeitpunkt 0 abgezinsten Ein- und Auszahlungen eines Investitionsprojektes. Die Formel zu dessen Bestimmung lautet [3]

$$K(r) = \sum_{t=0}^{\bar{t}} e_t \cdot (1+r)^{-t}, \qquad (8.1)$$

wobei:

e_t: Nettozahlungen (Differenz zwischen Ein- und Auszahlungen) zum Zeitpunkt t (mit $t = 0, 1..., \bar{t}$), bezogen auf das Investitionsprojekt.

r: Kalkulationszinssatz.

Im betrachteten Beispiel hat die Investition eine Anfangsauszahlung zum Zeitpunkt 0 in Höhe der Anschaffungskosten der Produktionsanlage zur Folge. In den darauffolgenden 4 Jahren der Nutzungsdauer erwartet man jährliche Netto-Einzahlungen, die dem Mehrgewinn pro Jahr entsprechen. Der Kalkulationszinssatz wird mit 8% angenommen. Für den Kapitalwert berechnet man den folgenden Betrag:

$$\begin{aligned} K(0,08) &= -200.000 + 170.688 \cdot 1,08^{-1} + 170.688 \cdot 1,08^{-2} \\ &\quad + 170.688 \cdot 1,08^{-3} + 170.688 \cdot 1,08^{-4} \\ &= -200.000 + 170.688 \cdot Q(\bar{t}, r) \\ &= -200.000 + 170.688 \cdot 3,3121 \\ &= 365.335,72. \end{aligned}$$

$Q(\bar{t}, r)$ bezeichnet den Rentenbarwertfaktor, den man bei über mehrere Perioden hinweg anfallenden konstanten Nettozahlungen anwenden kann. Tabellen zum Rentenbarwertfaktor für verschiedene $\bar{t}$ und r findet man in fast jedem Lehrbuch zur Investitionstheorie. Bei projektindividuellen Investitionsentscheidungen lautet die Entscheidungsregel: Führe jedes Projekt mit positivem Kapitalwert durch. Damit wird das Ziel angestrebt, das Endvermögen zu maximieren. Der hier erzielte, sehr hohe Kapitalwert bedeutet, daß sich die Anschaffung der neuen Produktionsanlage in jedem Fall (auch bei wesentlich höheren Kalkulationszinssätzen) lohnt.

Das mit Hilfe des kostenoptimalen Verfahrens erzielte Ergebnis muß als eine von vielen Entscheidungshilfen für die Geschäftsleitung gewertet werden. Danach erscheint es empfehlenswert, das Investitionsprojekt durchzuführen. Andere Entscheidungshilfen, die auf anderen Kriterien als der Gewinn- und Endvermögensmaximierung beruhen, mögen zu verschiedenen Ergebnissen führen. Letztendlich muß die Geschäftsleitung die Entscheidung treffen.

---

[3] Bitz (1981), S. 58.

8.2 Fortsetzung von Beispiel 3.2

Der Flaschenhersteller möchte untersuchen, wie sich Änderungen des Sollwerts μ auf den Gewinn pro Flasche auswirken. Die veränderte Glasdicke der Flaschen wird durch eine Umstellung des Produktionsapparates erreicht. Die Maschinen müssen neu eingestellt werden und die Menge des Eingangsmaterials wird variiert. Für diese Produktionsumstellung sind keine Investitionen notwendig.
Es wird von folgenden Voraussetzungen ausgegangen:

- Die Veränderung von μ beeinflußt lediglich die Höhe der Gewinne (G_+, G_- und folglich auch g_1 und g_2) und der Ausschußanteile p_I und p_{II}.

- Die Standardabweichung σ, der Verschiebungsparameter δ und der Parameter der Exponentialverteilung λ bleiben konstant.

- Die Qualitätsmaßnahmen (Stichprobe, Inspektion, Reparatur) werden nicht geändert. Daher bleiben die Kostenparameter und die Zeitparameter gleich. Lediglich für den Nutzen pro Erneuerung b^* (bedingt durch veränderte g_1 und g_2) erhält man ggf. neue Werte.

- Es sind keine Investitionen notwendig. Daher kann man zur Beurteilung der Maßnahme die Werte von Π^*_{neu} und Π^*_{alt} direkt vergleichen. Investitionstheoretische Kennziffern müssen nicht zur Entscheidung herangezogen werden.

- Die Absatzlage ändert sich durch die Produktionsumstellung nicht. Es wird erwartet, daß die Abnehmer der Flaschen die veränderte Glasdicke akzeptieren. Daher wird weiterhin eine Produktionsgeschwindigkeit von v=200 Stück/h angesetzt.

Es werden zwei Preiskonzepte untersucht:

1. Die veränderten Produktionskosten, die in erster Linie durch unterschiedliche Eingangsmaterialmengen bedingt sind, werden in vollem Maße an die Kunden weitergegeben. Das kann im Einzelfall eine Preiserhöhung oder -reduzierung bedeuten. Die Gewinne für eine einwandfreie und defekte Flasche G_+ bzw. G_- bleiben unverändert.

2. Die veränderten Produktionskosten werden nicht an die Kunden weitergegeben. Das führt zu keinen Preisvariationen. Dagegen werden die Gewinne verändert.

Erhöhung des Sollwerts von $\mu = 2\ mm$ auf $\mu = 2,5\ mm$ – Preiserhöhung

Um eine erhöhte Glasdicke der Flaschen zu erzeugen, muß lediglich der Produktionsprozeß neu eingestellt werden. Der Verbrauch an Eingangsmaterial für das Glas erhöht sich naturgemäß. Daher steigen die variablen Produktionskosten pro Flasche. Da diese Mehrkosten durch eine Preiserhöhung ausgeglichen werden, bleiben die Gewinne G_+ und G_- unverändert. Es wird erwartet, daß die Absatzmenge trotz der Preiserhöhung stabil bleibt, da mit der Produktionsänderung eine Qualitätsverbesserung in Form einer höheren Bruchfestigkeit der Flaschen verbunden ist.

Eine Flasche wird dann als Ausschuß gewertet, wenn sie die Qualitätsprüfung nicht besteht oder während des Einfüllvorgangs beim Getränkehersteller platzt. Eine erhöhte Glasdicke läßt den Ausschußanteil deutlich sinken.

Man kann nun von der folgenden, teilweise veränderten Parameterkonstellation ausgehen:

$$G_+^{neu} = G_+^{alt} = 0,51\ DM,$$
$$G_-^{neu} = G_-^{alt} = -0,49\ DM,$$
$$p_I^{neu} = 0,001\ <\ p_I^{alt} = 0,01,$$
$$p_{II}^{neu} = 0,01\ <\ p_{II}^{alt} = 0,11.$$

Daraus folgt für die durchschnittlichen Gewinne pro Flasche bei Vorliegen der Zustände I und II

$$g_1^{neu} = 0,509\ DM\ >\ g_1^{alt} = 0,50\ DM \quad \text{bzw.}$$
$$g_2^{neu} = 0,50\ DM\ >\ g_2^{alt} = 0,40\ DM.$$

Für die Differenz der beiden Gewinngrößen ergibt sich $(g_1^{neu} - g_2^{neu}) = 0,009\ DM$.

Für die ökonomischen Schlüsselparameter erhält man

$$a_{neu}^* = a_{alt}^* = 0,10\ DM,$$
$$e_{neu}^* = e_{alt}^* = 53,06\ DM \quad \text{und}$$
$$b_{neu}^* = -164,06\ DM < b_{alt}^* = 1.655,94\ DM.$$

Da der Nutzen pro Erneuerung negativ ist, erweist sich in diesem Fall die Kontrollstrategie 0 als die kostengünstigste. Danach wird auf jede Qualitätsmaßnahme (Stichprobe, Inspektion, Reparatur) verzichtet, so daß der Produktionsprozeß langfristig im nicht zufriedenstellenden Zustand II verharren wird. Dieser Umstand ist auf die starke Reduzierung der Ausschußanteile zurückzuführen.

Der langfristige durchschnittliche Gewinn pro Flasche beträgt schließlich nach (3.11)

$$\Pi_{neu}^* = g_2^{neu} = 0,50\ DM > \Pi_{alt}^* = 0,48\ DM.$$

Die Produktionsumstellung führt also zu einer Gewinnerhöhung.

Senkung des Sollwerts von $\mu = 2\ mm$ auf $\mu = 1,5\ mm$ — Preisreduzierung

Bei einer geringeren Glasdicke der Flaschen sinken die Produktionskosten einerseits und steigen die Ausschußanteile andererseits. Die geringeren Kosten werden in Form einer

Preisreduzierung direkt an die Abnehmer weitergegeben, so daß G_+ und G_- konstant bleiben [4]. Wir haben nun folgende Parameterwerte:

$$G_+^{neu} = G_+^{alt} = 0,51\, DM,$$
$$G_-^{neu} = G_-^{alt} = -0,49\, DM,$$
$$p_I^{neu} = 0,1 > p_I^{alt} = 0,01,$$
$$p_{II}^{neu} = 0,2 > p_{II}^{alt} = 0,11.$$

Hieraus ergeben sich folgende durchschnittliche Gewinne:

$$g_1^{neu} = 0,41\, DM < g_1^{alt} = 0,50\, DM \quad \text{und}$$
$$g_2^{neu} = 0,31\, DM < g_2^{alt} = 0,40\, DM.$$

Alle weiteren technischen, ökonomischen und Zeitparameter bleiben unverändert. Für die ökonomischen Schlüsselparameter folgt daraus:

$$a_{neu}^* = a_{alt}^* = 0,10\, DM,$$
$$e_{neu}^* = e_{alt}^* = 53,06\, DM \quad \text{und}$$
$$b_{neu}^* = b_{alt}^* = 1.655,94\, DM.$$

Da die Differenzgröße $(g_1 - g_2) = 0,10\, DM$ auch nach der Produktionsumstellung gleich geblieben ist, verändern sich die Schlüsselparameter nicht. Auch der kostenoptimale Prüfplan und der standardisierte Gewinn pro Flasche II sind identisch mit den erzielten Ergebnissen vor der Produktionsumstellung. Lediglich der entscheidungsrelevante Wert für den langfristigen durchschnittlichen Gewinn pro Stück nach (3.11) ändert sich. Man erhält folgenden Betrag:

$$\Pi_{neu}^* = 0,39\, DM < \Pi_{alt}^* = 0,48\, DM.$$

Eine geringere Glasdicke der Flaschen bei gleichzeitiger Preisreduzierung führt also zu einem kleineren Gewinn als ohne Produktionsumstellung.

Erhöhung des Sollwerts von $\mu = 2\,mm$ auf $\mu = 2,5\,mm$ - keine Preisänderungen

Die Glasdicke der Flaschen wird erhöht, der Preis bleibt jedoch unverändert. Die höheren Produktionskosten wirken sich in Form einer Herabsetzung der Gewinne G_+ und G_- aus. Folgende Parameterkonstellation liegt vor:

$$G_+^{neu} = 0,40\, DM < G_+^{alt} = 0,51\, DM,$$
$$G_-^{neu} = -0,60\, DM < G_-^{alt} = -0,49\, DM,$$
$$p_I^{neu} = 0,001 < p_I^{alt} = 0,01,$$
$$p_{II}^{neu} = 0,01 < p_{II}^{alt} = 0,11.$$

---
[4]Es wird nicht erwartet, daß die Absatzmenge zunehmen wird.

Für die durchschnittlichen Gewinne gilt dann:

$$g_1^{neu} = 0,399\ DM \;<\; g_1^{alt} = 0,50\ DM \quad \text{und}$$
$$g_2^{neu} = 0,39\ DM \;<\; g_2^{alt} = 0,40\ DM.$$

Die Differenz beträgt $(g_1^{neu} - g_2^{neu}) = 0,009\ DM$. Daraus folgen die ökonomischen Schlüsselparameter:

$$a_{neu}^* = a_{alt}^* = 0,10\ DM,$$
$$e_{neu}^* = e_{alt}^* = 53,06\ DM \quad \text{und}$$
$$b_{neu}^* = -164,06\ DM < b_{alt}^* = 1.655,94\ DM.$$

Da der Nutzen pro Erneuerung wieder negativ ist, empfiehlt sich die Anwendung der Kontrollstrategie 0. Für den langfristigen durchschnittlichen Gewinn pro Flasche erhält man nach (3.11)

$$\Pi_{neu}^* = g_2 = 0,39\ DM < \Pi_{alt}^* = 0,48\ DM.$$

Es lohnt sich also nicht, die Glasdicke der Flaschen zu erhöhen, wenn nicht gleichzeitig die Preise heraufgesetzt werden.

Senkung des Sollwerts von $\mu = 2\,mm$ auf $\mu = 1,5\,mm$ - keine Preisänderungen

Die Glasdicke der Flaschen wird bei gleichzeitiger Preiskonstanz um 0,5 mm verringert. Da die Produktionskosten sinken, erhöhen sich die Gewinne G_+ und G_-. Folgende Parameter ändern sich:

$$G_+^{neu} = 0,60\ DM \;>\; G_+^{alt} = 0,51\ DM,$$
$$G_-^{neu} = -0,40\ DM \;>\; G_-^{alt} = -0,49\ DM,$$
$$p_I^{neu} = 0,10 \;>\; p_I^{alt} = 0,01,$$
$$p_{II}^{neu} = 0,20 \;>\; p_{II}^{alt} = 0,11.$$

Die durchschnittlichen Gewinne betragen damit

$$g_1^{neu} = g_1^{alt} = 0,50\ DM,$$
$$g_2^{neu} = g_2^{alt} = 0,40\ DM$$

und die Differenz

$$(g_1^{neu} - g_2^{neu}) = 0,10\ DM.$$

Der kostenoptimale Prüfplan und der standardisierte Gewinn Π bleiben unverändert. Aber auch der langfristige durchschnittliche Gewinn pro Flasche entspricht dem alten Wert:

$$\Pi_{neu}^* = \Pi_{alt}^* = 0,48\ DM.$$

Die Senkung der Glasdicke bei Preiskonstanz bringt keine Vorteile.

Fazit: Den höchsten Gewinn kann der Flaschenhersteller bei einer Erhöhung der Glasdicke von 2 auf 2,5 mm erzielen, wenn es ihm gleichzeitig gelingt, die zusätzlichen Produktionskosten ohne Absatzmengenverlust auf die Kunden überzuwälzen. Kann jedoch die Preiserhöhung auf dem Markt nicht durchgesetzt werden, so empfiehlt sich die Beibehaltung der bisherigen Glasdicke.

8.3 Fortsetzung der Fallstudie

Die Unternehmensleitung des Kfz-Zulieferbetriebs möchte überprüfen, ob durch Investitionen oder Änderungen am Produktionsvorgang innerhalb der ersten Fertigungsstufe eine weitere Erhöhung des Stückgewinns der Scheinwerfer möglich ist. Angesichts der ohnehin sehr niedrigen Ausschußanteile ist kaum zu erwarten, daß die Gewinnlage durch derartige Maßnahmen wesentlich verbessert werden kann. Da der kostenoptimale Prüfplan bereits angewandt wird und so alle modellrelevanten Kosten bekannt sind, lassen sich die verschiedenen Möglichkeiten jedoch ohne großen Aufwand einfach durchrechnen.

Im folgenden werden Investitionen in die Schweiß- und Bedampfungsanlage sowie eine Produktionsänderung während der Phase des Tauchlackierens jeweils getrennt untersucht.

8.3.1 Investitionen in die Schweißanlage

Durch Verbesserungen im Transportsystem der Schweißanlage soll die Anzahl der Reflektoren, die mit Beulen versehen sind, gesenkt werden. Die Verbesserungsmaßnahmen können von betriebsinternen Technikern durchgeführt werden. Die Kosten dieser Investition werden auf 1.500 DM geschätzt. Durch den sicheren Transport der Reflektoren soll die Gesamtzahl der fehlerhaften Scheinwerfer gesenkt werden. Gleichzeitig verlängert sich die Verweildauer des Produktionsprozesses in Zustand I. Man kann von folgenden veränderten Parameterwerten ausgehen:

$$p_I^{neu} = 0,0009 \; < \; p_I^{alt} = 0,001,$$
$$p_{II}^{neu} = 0,009 \; < \; p_{II}^{alt} = 0,01,$$
$$\lambda_{neu} = 0,009 \; < \; \lambda_{alt} = 0,01.$$

Der geringe Investitionsaufwand wirkt sich nur unwesentlich auf die Stückgewinne aus. Daher werden weiterhin die Gewinne für einen einwandfreien Scheinwerfer mit $G_+ = 5,-DM$ und für ein defektes Stück mit $G_- = -1,67\,DM$ angesetzt. Damit erhält man für die durchschnittlichen Gewinne die Beträge

$$g_1^{neu} = 4,993997\ DM\ >\ g_1^{alt} = 4,99333\ DM,$$
$$g_2^{neu} = 4,93997\ DM\ >\ g_2^{alt} = 4,9333\ DM$$

und die Gewinndifferenz

$$(g_1^{neu} - g_2^{neu}) = 0,054027\ DM.$$

Die Erhöhung des fixen Produktionskostenparameters, die durch die höheren Abschreibungen bedingt ist, kann vernachlässigt werden. Alle anderen modellrelevanten Parameter bleiben gegenüber der Ausgangssituation unverändert. Da die relativen Stichprobenkosten a konstant bleiben und die Ausschußanteile nicht erhöht, sondern gesenkt werden, ist die Anwendung der IR-Strategie weiterhin kostenoptimal.
Der neue Prüfplan lautet nun

$$(T_{neu}^*, n_{neu}^*, c_{neu}^*) = (43, 0, 0) \neq (T_{alt}^*, n_{alt}^*, c_{alt}^*) = (40, 0, 0).$$

Damit läßt sich der folgende langfristige durchschnittliche Gewinn pro Scheinwerfer nach (3.11) erzielen:

$$\Pi_{neu}^* = 4,9684846\ DM > \Pi_{alt}^* = 4,9670255\ DM.$$

Die Differenz beträgt

$$(\Pi_{neu}^* - \Pi_{alt}^*) = 0,00145905\ DM.$$

Bei einer jährlichen Produktion von 384.000 Scheinwerfern beträgt der Zusatzgewinn pro Jahr nach der Investition nur 560,27 DM. Für den Kapitalwert der Investitionsmaßnahme ergibt sich bei einer angenommenen Nutzungsdauer von 5 Jahren und einem Kalkulationszinssatz von 8%

$$\begin{aligned}K(0,08) &= -1.500 + 560,27 \cdot 3,9927 \\ &= 737,01.\end{aligned}$$

Trotz des positiven Kapitalwerts ist die Investition wegen des geringen zusätzlich erzielbaren Gewinns nur wenig vorteilhaft.

8.3.2 Gebrauch von höherwertigem Lack

Durch den Gebrauch von qualitativ besserem Lack soll die Zahl der Reflektoren mit Lackläufern verringert werden. Die Ausschußanteile der Scheinwerfer werden gesenkt.

Keine Kostenüberwälzung auf die Abnehmer

Die Verwendung von höherwertigem Lack verursacht höhere Produktionskosten. Will man dennoch den Verkaufspreis des Scheinwerfers konstant halten, so verringern sich dadurch die Gewinne G_+ und G_-. Man geht von folgender Parameterkonstellation aus:

$$p_I^{neu} = 0,0008 \quad < \quad p_I^{alt} = 0,001,$$
$$p_{II}^{neu} = 0,008 \quad < \quad p_{II}^{alt} = 0,01,$$
$$G_+^{neu} = 4,90 \; DM \quad < \quad G_+^{alt} = 5,-DM,$$
$$G_-^{neu} = -1,77 \; DM \quad < \quad G_-^{alt} = -1,67 \; DM.$$

Für die durchschnittlichen Gewinne folgt daraus:

$$g_1^{neu} = 4,894664 \; DM \quad < \quad g_1^{alt} = 4,99333 \; DM \quad \text{und}$$
$$g_2^{neu} = 4,84664 \; DM \quad < \quad g_2^{alt} = 4,9333 \; DM$$

mit der Gewinndifferenz

$$(g_1^{neu} - g_2^{neu}) = 0,048024 \; DM.$$

Die zusätzlichen Kosten des neuen Lackes werden im Vollkostenparameter der Inspektion a_1 nicht berücksichtigt. Auch alle anderen Parameter bleiben gleich. Da sowohl $g_2^{neu} < g_2^{alt}$ wie auch $(g_1^{neu} - g_2^{neu}) < (g_1^{alt} - g_2^{alt})$ gilt, erübrigt sich die weitere Berechnung dieser Alternative. Der langfristige durchschnittliche Gewinn pro Scheinwerfer Π_{neu}^* liegt in jedem Fall unter dem Wert von Π_{alt}^*. Die Produktionsänderung lohnt sich nicht.

Kostenüberwälzung auf die Abnehmer

Gelingt es dem Scheinwerferhersteller, die zusätzlichen Kosten des höherwertigen Lackes in Form einer Preiserhöhung an die Kunden ohne Absatzmengenverlust weiterzugeben, so bleiben die Gewinne G_+ und G_- unverändert. Diese Situation ist durchaus realistisch, wenn die höheren Kosten des Lackes von 10 Pf pro Scheinwerfer im Rahmen einer allgemeinen Preiserhöhung durchgesetzt werden können. Die Parameterkonstellation lautet nun

$$G_+^{neu} = G_+^{alt} = 5,-DM,$$
$$G_-^{neu} = G_-^{alt} = -1,67 \; DM,$$
$$p_I^{neu} = 0,0008 \quad < \quad p_I^{alt} = 0,001,$$
$$p_{II}^{neu} = 0,008 \quad < \quad p_{II}^{alt} = 0,01.$$

Für die durchschnittlichen Gewinne ergibt sich

$$g_1^{neu} = 4,994664 \; DM \quad > \quad g_1^{alt} = 4,99333 \; DM \quad \text{und}$$
$$g_2^{neu} = 4,94664 \; DM \quad > \quad g_2^{alt} = 4,9333 \; DM$$

und für die Gewinndifferenz

$$(g_1^{neu} - g_2^{neu}) = 0,048024 \ DM.$$

Man erhält den folgenden kostenoptimalen Prüfplan bei Anwendung der No-Sampling-Alternative, die auch bei der geänderten Datenkonstellation günstiger als die SIR-Strategie ist:

$$(T_{neu}^*, n_{neu}^*, c_{neu}^*) = (47, 0, 0) \neq (T_{alt}^*, n_{alt}^*, c_{alt}^*) = (40, 0, 0).$$

Der langfristige durchschnittliche Gewinn pro Scheinwerfer ergibt sich zu

$$\Pi_{neu}^* = 4,9703645 \ DM > \Pi_{alt}^* = 4,9670255 \ DM.$$

Der zusätzliche Gewinn pro Jahr beträgt dann

$$\Delta \Pi^*(Jahr) = 384.000 \cdot (\Pi_{neu}^* - \Pi_{alt}^*) = 1.282,18 \ DM.$$

Wenn es dem Unternehmen gelingt, die zusätzlichen Kosten für den höherwertigen Lack auf den Preis überzuwälzen (ohne daß der Absatz dabei zurückgeht), erscheint der Gebrauch des besseren Lackes als vorteilhaft.
Die Gewinnerhöhung ist im Vergleich zum Verzicht auf die Produktionsumstellung jedoch nur sehr gering.

8.3.3 Investitionen in die Bedampfungsanlage

Es besteht die Möglichkeit zur Anschaffung einer komplett neuen Bedampfungsanlage, die eine deutliche Senkung des Ausschußanteils ermöglicht. Der Anschaffungspreis inklusive Montage beträgt 1.000.000,-DM. Die Nutzungsdauer wird auf fünf Jahre geschätzt. Die Investition bewirkt eine Erhöhung des fixen Produktionskostenparameters c_4.
Die Anteile an defekten Reflektoren reduzieren sich auf folgende Werte:

$$p_I^{neu} = 0,0005 \ < \ p_I^{alt} = 0,001 \quad \text{und}$$
$$p_{II}^{neu} = 0,005 \ < \ p_{II}^{alt} = 0,01.$$

Die Ausschußanteile werden jeweils halbiert. Auch der Parameter der Exponentialverteilung verringert sich um 50% auf $\lambda = 0,005$.
Der neue kostenoptimale Prüfplan lautet nun (wieder bei Anwendung der IR-Strategie)

$$(T_{neu}^*, n_{neu}^*, c_{neu}^*) = (90, 0, 0) \neq (T_{alt}^*, n_{alt}^*, c_{alt}^*) = (40, 0, 0).$$

Der langfristige durchschnittliche Gewinn pro Scheinwerfer beträgt nach (3.11)

$$\Pi_{neu}^* = 4,9745019 \ DM > \Pi_{alt}^* = 4,9670255 \ DM.$$

Das bedeutet einen jährlichen Zusatzgewinn von 2.870,93 DM. Man erkennt sofort, daß dieser Gewinnzuwachs nicht ausreicht, um die Anfangsauszahlung von

1.000.000,-DM in den nächsten fünf Jahren auszugleichen. Der Kapitalwert nimmt einen negativen Wert an.
Trotz der deutlichen Reduzierung der Ausschußanteile ist die Anschaffung der neuen Bedampfungsanlage nicht vorteilhaft.

Fazit: Keine der beim Scheinwerferbeispiel dargestellten Maßnahmen zur technischen Veränderung des Prozesses bewirkt langfristig eine deutliche Erhöhung des Gewinns. Die Unternehmensleitung kann daher den bisherigen Produktionsprozeß unverändert lassen.

8.4 Zusammenfassung

In den dargestellten Beispielen wird die Vielseitigkeit des kostenoptimalen Prüfverfahrens nochmals betont. Es wird gezeigt, wie diese Methode in praktischen Fällen auch als Entscheidungshilfe im Managementbereich genutzt werden kann.

Im Beispiel von der Herstellung der Druckschalter erscheint die Anschaffung einer neuen Produktionsanlage, die den Ausschußanteil deutlich senkt, als sehr günstig. Im Vergleich zum alten Prüfplan ändert sich am neuen kostenoptimalen Prüfplan lediglich der Kontrollabstand. Die zur Beurteilung des Investitionsprojekts herangezogene investitionstheoretische Kennziffer des Kapitalwerts hat einen sehr hohen Wert.

Im zweiten Beispiel des Flaschenherstellers wird gezeigt, daß sich auch einfache Produktionsumstellungen stark auf den Gewinn auswirken können, ohne daß dabei kostspielige Investitionsvorhaben realisiert werden müssen. Am günstigsten erweist sich eine Erhöhung der Glasdicke der Flaschen, wenn es möglich ist, die durch höhere Eingangsmaterialmengen bedingten zusätzlichen Produktionskosten ohne Absatzmengenverlust an die Kunden weiterzugeben. Gelingt das nicht, so führen die hier betrachteten Variationen der Glasdicke zu keiner Erhöhung des Gewinns.

Im dritten Beispiel (Scheinwerferproduktion) werden sowohl Investitionsmaßnahmen wie auch Produktionsänderungen untersucht. Wegen der bereits schon vorher bestehenden sehr niedrigen Ausschußanteile führt erwartungsgemäß keine der betrachteten Maßnahmen zu einer nennenswerten Erhöhung des Gewinns.
Während Verbesserungen im Transportsystem der Schweißanlage und der Einsatz von höherwertigem Lack zu einer nur sehr geringen Gewinnerhöhung führen, erweist sich die Anschaffung einer neuen Bedampfungsanlage als sehr ungünstig. Daraus läßt sich die Empfehlung für die Unternehmensleitung ableiten, den bisherigen Produktionsprozeß und die Anlage für die Herstellung des untersuchten Scheinwerfers unverändert zu lassen und weiterhin den gleichen kostenoptimalen Prüfplan der Prozeßkontrolle anzuwenden.

Kapitel 9
Zusammenfassung

Das Ziel dieser Arbeit ist es, die praktische Anwendbarkeit von kostenoptimalen Prüfverfahren in der statistischen Prozeßkontrolle zu untersuchen.
Nach einer kurzen Literaturübersicht (Kapitel 2) über die bisher entwickelten Verfahren wird in Kapitel 3 das allgemeine Modell von v. Collani (1987a), das den Ausgangspunkt für die weitere Untersuchung bildet, ausführlich beschrieben.

In Kapitel 4 wird eine umfangreiche Effizienzanalyse anhand von Graphen (sog. *Effizienzkurven*) veranschaulicht. Unter *Effizienz* wird der relative Vorteil der kostenoptimalen Prüfmethode im Vergleich zu einem bestimmten *herkömmlichen* Verfahren verstanden. Es werden die Werte der in Kapitel 3 beschriebenen Gewinnfunktion bei Anwendung des kostenoptimalen Prüfplanes und des herkömmlichen Prüfplanes (Kontrollabstand $T = 1\ h$; Stichprobenumfang $n = 5$; Kontrollschranke $c = 3$) beim Vorliegen verschiedener Parameterwerte verglichen. Daraus kann man ableiten, bei welchen Parameterkombinationen das kostenoptimale Prüfverfahren besonders vorteilhaft ist. Die Zusammenhänge zwischen der Effizienz und den Inputparametern sind ersichtlich sehr komplex, so daß man keine allgemeinen Aussagen über Höhe und Tendenz der Effizienz machen kann.
Die Prüfkosten a und der Nutzen pro Reparatur b haben häufig nur einen geringen Einfluß auf die Effizienz. Nur bei kleinen Werten von b wirken sich Veränderungen dieser Parameter stark auf die Effizienz aus. Von allen Inputparametern hat der Verschiebungsparameter δ den größten Einfluß auf die Effizienz. Besonders bei kleinen Werten von $\delta < 1$ erreicht man eine hohe Effizienz. Auch die Abhängigkeit der Effizienz vom Parameter der Exponentialverteilung λ ($1/\lambda$ ist die durchschnittliche Verweildauer des Prozesses im fehlerfreien Zustand) ist stark.
Sehr hohe Effizienzwerte des kostenoptimalen Prüfverfahrens erreicht man bei hohen Werten von a und niedrigen Werten von b, bei kleinen Werten des Verschiebungsparameters δ und wenn λ entweder klein oder groß ist. Bei dieser Parameterkonstellation ist die Anwendung der herkömmlichen Kontrollstrategie vollkommen ineffizient.

In Kapitel 5 wird ein genaues Gliederunssystem der *modellrelevanten Qualitätskosten* entwickelt, die bei der Bestimmung eines kostenoptimalen Prüfplanes berücksichtigt werden müssen. Dazu wird die bereits vorhandene umfangreiche Literatur zu den allgemeinen Qualitätskosten genutzt. Auf Grund des unterschiedlichen Aggregationsgrades und Zeitbezuges lassen sich die Kostendaten aus einer Qualitätskostenrechnung in der Regel jedoch nicht in der für kostenoptimale Prüfverfahren benötigten Form entnehmen. Daher ist es notwendig, die Kostengrößen anzupassen. Die modellrelevanten Qualitätskosten setzen sich aus den Prüfkosten, Kosten der Inspektion und Erneuerung und den Fehlerkosten (intern und extern) zusammen. Diese Kostengruppen kann man in Qualitätskostenarten und diese weiter in Kostenelemente und -unterelemente gliedern.

Die Kostenstruktur des zugrundegelegten Prozesses ist oft weitaus komplizierter als es das einfache Kostenmodell aus Kapitel 3 vermuten läßt. Daher wird eine stärkere Differenzierung des Kostenmodells vorgeschlagen. Um die kostenoptimalen Prüfverfahren anwenden zu können, wird man nicht umhin können, die meisten der benötigten Kosten durch Sonderrechnungen zu bestimmen.

In Kapitel 6 erfolgt eine ausführliche Beschreibung der modellrelevanten Kostenelemente und -unterelemente. Die Personal- und Kapitalkosten bilden in aller Regel den Hauptteil der Gesamtkosten eines Unternehmens und sind auch in jeder modellrelevanten Qualitätskostengruppe enthalten. Daher werden diese beiden wichtigsten Kostenelemente gesondert beschrieben. Diese Kosten lassen sich zum großen Teil aus den Daten des betrieblichen Rechnungswesens herausrechnen, ohne daß Sonderrechnungen durchgeführt werden müssen.

Die Darstellung der restlichen Kostenelemente erfolgt für jede der drei Kostengruppen getrennt. Bei jedem Kostenelement wird eine Bestimmungsgleichung für den modellrelevanten Teil der Kosten angegeben. Oft muß die Existenz einer Plankostenrechnung im Unternehmen vorausgesetzt werden, da die meisten Kostengrößen bereits im vorhinein bei der Erstellung des Prüfplanes bekannt sein müssen. Die Ermittlung der Fehlerkosten bereitet die größten Schwierigkeiten, da sie zum Teil den Charakter von nicht voraussehbaren, außerordentlichen und unregelmäßig anfallenden Kosten haben. Oft ist eine genaue Bestimmung der Fehlerkosten nicht möglich.

Die praktische Anwendung des kostenoptimalen Prüfverfahrens wird in Kapitel 7 anhand einer Fallstudie dargestellt. Als Beispiel wird eine bestimmte Prozeßprüfung in der Pkw-Zulieferindustrie gewählt. Besonderer Wert wird auf die Darstellung der Ermittlung der modellrelevanten Parameter gelegt. Die Bestimmung der Kostenparameter erweist sich als weniger aufwendig als es nach den Ausführungen in Kapitel 6 zu erwarten war. Problematisch ist dagegen auch hier die Schätzung der Fehlerkosten.

Da man in einer ersten Phase der Ermittlung der Kostendaten oft einen großen Teil der möglichen Kostenarten und -elemente vernachlässigen kann, ist es möglich, sich auf eine genaue Bestimmung von nur relativ wenigen Kostengrößen zu beschränken.

Die Fallstudie liefert ein sehr plausibles und leicht in die Praxis umsetzbares Ergebnis. Die Kosteneinsparungsmöglichkeiten bei Anwendung des kostenoptimalen Prüfverfahrens sind groß im Vergleich zur herkömmlichen Methode und im Vergleich zum Verzicht auf eine Prozeßprüfung. Mit Hilfe der ökonomisch-statistischen Untersuchungen gelingt es, unwirtschaftliche Handlungen im Zusammenhang mit der Prozeßprüfung aufzudecken.

Das von v. Collani entwickelte kostenoptimale Prüfverfahren ist sehr vielseitig. Es kann auch als eine von vielen Entscheidungshilfen im Managementbereich benutzt werden. So kann die Gewinnfunktion beispielsweise zur Beurteilung von Produktionsumstellungen und Investitionsprojekten herangezogen werden.
In Kapitel 8 wird gezeigt, wie bestimmte Maßnahmen in diesem Bereich mit Hilfe der kostenoptimalen Methode bewertet werden können. Dazu werden Beispiele aus den vorhergehenden Kapiteln fortgesetzt. Es zeigt sich, daß die Anwendung der ökonomischen Verfahren auch bei dieser Art von Entscheidungen sinnvoll ist.

Die Ausführungen in dieser Arbeit haben gezeigt, daß es durchaus möglich ist, das kostenoptimale Prüfverfahren der Prozeßkontrolle mit einem vertretbaren zusätzlichen Aufwand in der Praxis anzuwenden.
Vor Einführung einer Prozeßkontrolle sollte in jedem Fall eine eingehende Untersuchung der ökonomischen und technischen Hintergründe des Prozesses stattfinden. Das Ergebnis kann dann auch sein, daß das herkömmliche Verfahren relativ günstig ist. Hat man jedoch diese Untersuchungen durchgeführt, dann wird man ohnehin ein kostenoptimales Verfahren, das der gegebenen Situation angepaßt ist, der herkömmlichen nicht angepaßten Methode vorziehen. Der kostenoptimale Prüfplan kann dabei auch den Verzicht auf eine Stichprobenprüfung (No-Sampling-Alternative) beinhalten.

Nachfolgend werden einige Maßnahmen vorgeschlagen, die den Einzug der kostenoptimalen Prüfverfahren in die Praxis fördern können:

- Das Bewußtsein stärken, daß auch in der Qualitätssicherung wirtschaftlich gearbeitet werden muß. Dies entspricht auch der Forderung von Deming und Ishikawa, in *allen* Bereichen des Unternehmens ökonomisch zu handeln [1].

- Die Praktiker aus dem Bereich der Qualitätssicherung davon überzeugen, daß die Anwendung der kostenoptimalen Prüfverfahren mit einem vertretbaren Aufwand möglich ist.

- Verstärkt auf die wirtschaftlichen Vorteile der kostenoptimalen Verfahren hinweisen (siehe die Effizienzanalysen in Kapitel 4).

- Weiterentwicklung der bestehenden Verfahren. Das Ziel sollte ein Modell sein, das alle möglichen Kontroll- und Instandhaltungsmaßnahmen simultan umfaßt.

---

[1] Vgl. Deming (1986) und Ishikawa (1985). Deming und Ishikawa sind wichtige Vertreter der Idee, daß die Qualitätskontrolle alle Bereiche des Unternehmens erfassen soll. Ihre größten Erfolge erzielten sie bisher in Japan.

- Die Handhabung der kostenoptimalen Prüfverfahren noch weiter vereinfachen. Es sollten für alle in der Praxis benutzten Qualitätsregelkarten einfache und schnelle Computerprogramme, Nomogramme und/oder umfangreiche Tabellen zur Verfügung stehen. Beim Verfahren von v. Collani sind diese Forderungen bei der $\overline{X}$-Karte weitgehend erfüllt. Darüber hinaus fehlt es an einer kurzen und geschlossenen, auch für den Praktiker leicht verständlichen Abhandlung über die kostenoptimalen Verfahren.

Anhang I: Nomogramme zur Bestimmung des optimalen standardisierten Stichprobenumfangs y^* und der optimalen Annahmezahl c^* (k-Streifen für k=0,1,2) bei Anwendung der np-Karte [2]

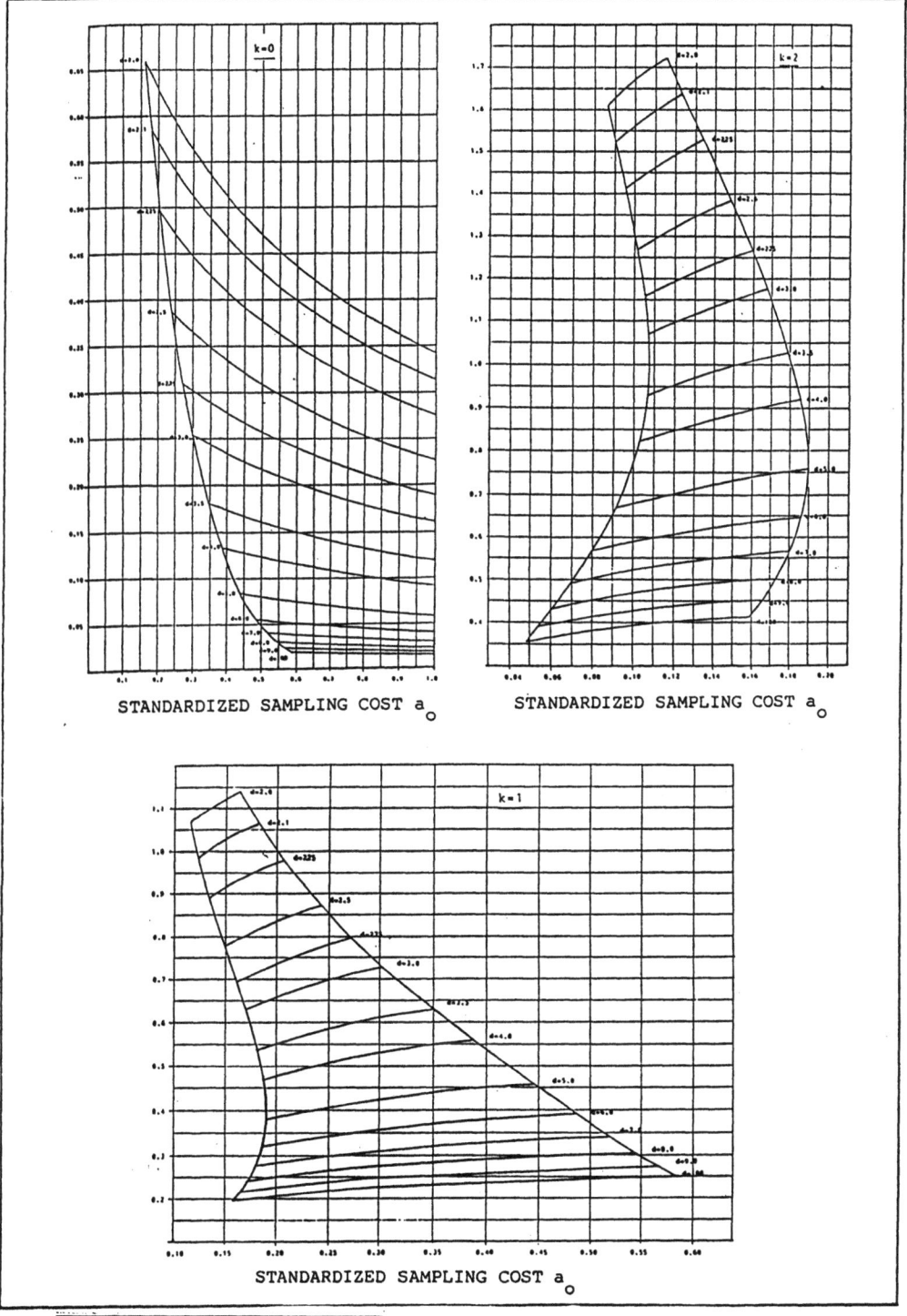

[2] Diese Nomogramme wurden aus folgendem Artikel entnommen, der 1989 in der Zeitschrift *Metrika* erscheinen wird: v. Collani, E. (1989a): *Economically Optimal c- and np-Control Charts*.

Anhang II: Nomogramm zur Bestimmung des optimalen standardisierten Stichprobenumfangs y^* und der optimalen Annahmezahl c^* (k-Streifen für k=3,4,5,6,7,8,9,10) bei Anwendung der np-Karte [3]

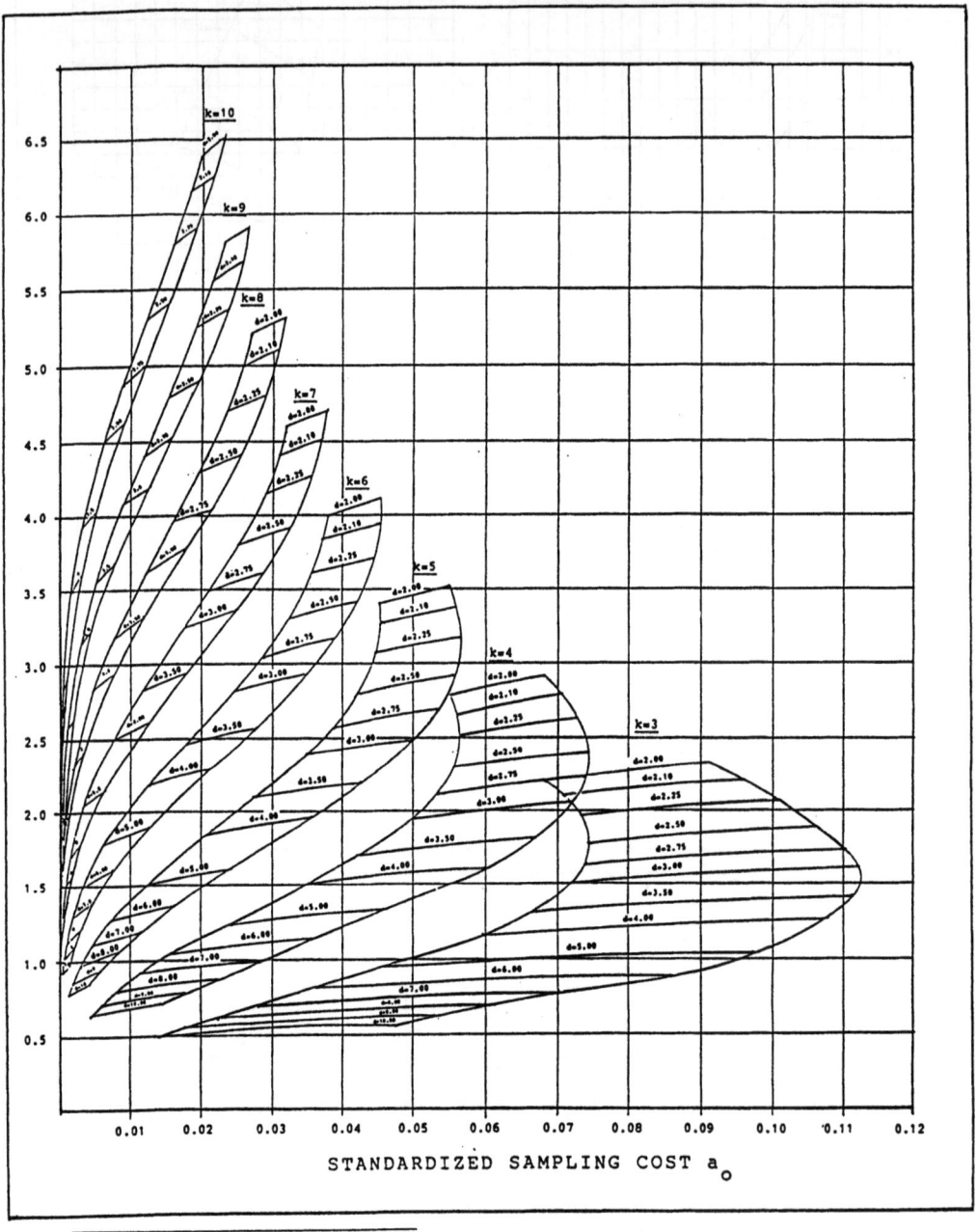

[3] Auch dieses Nomogramm wurde aus v. Collani (1989a) entnommen.

Anhang III: Nomogramm zur Bestimmung des optimalen standardisierten Kontrollabstandes x^* [4]

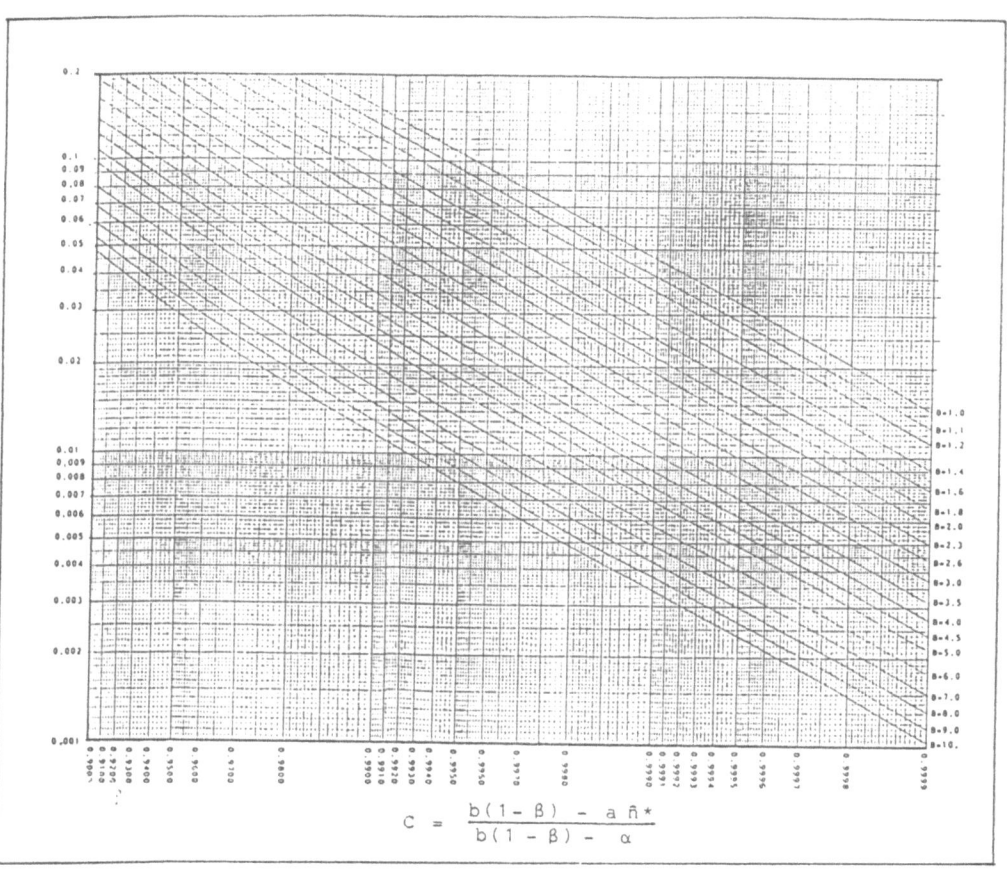

$$C = \frac{b(1-\beta) - a\,\tilde{n}^*}{b(1-\beta) - \alpha}$$

---

[4] Auch dieses Nomogramm wurde aus v. Collani (1989a) entnommen.

Anhang IV: Nomogramm zur Bestimmung des optimalen Stichprobenumfangs n^* und der optimalen Kontrollschranke c^* bei Anwendung der $\overline{X}$-Karte[5]

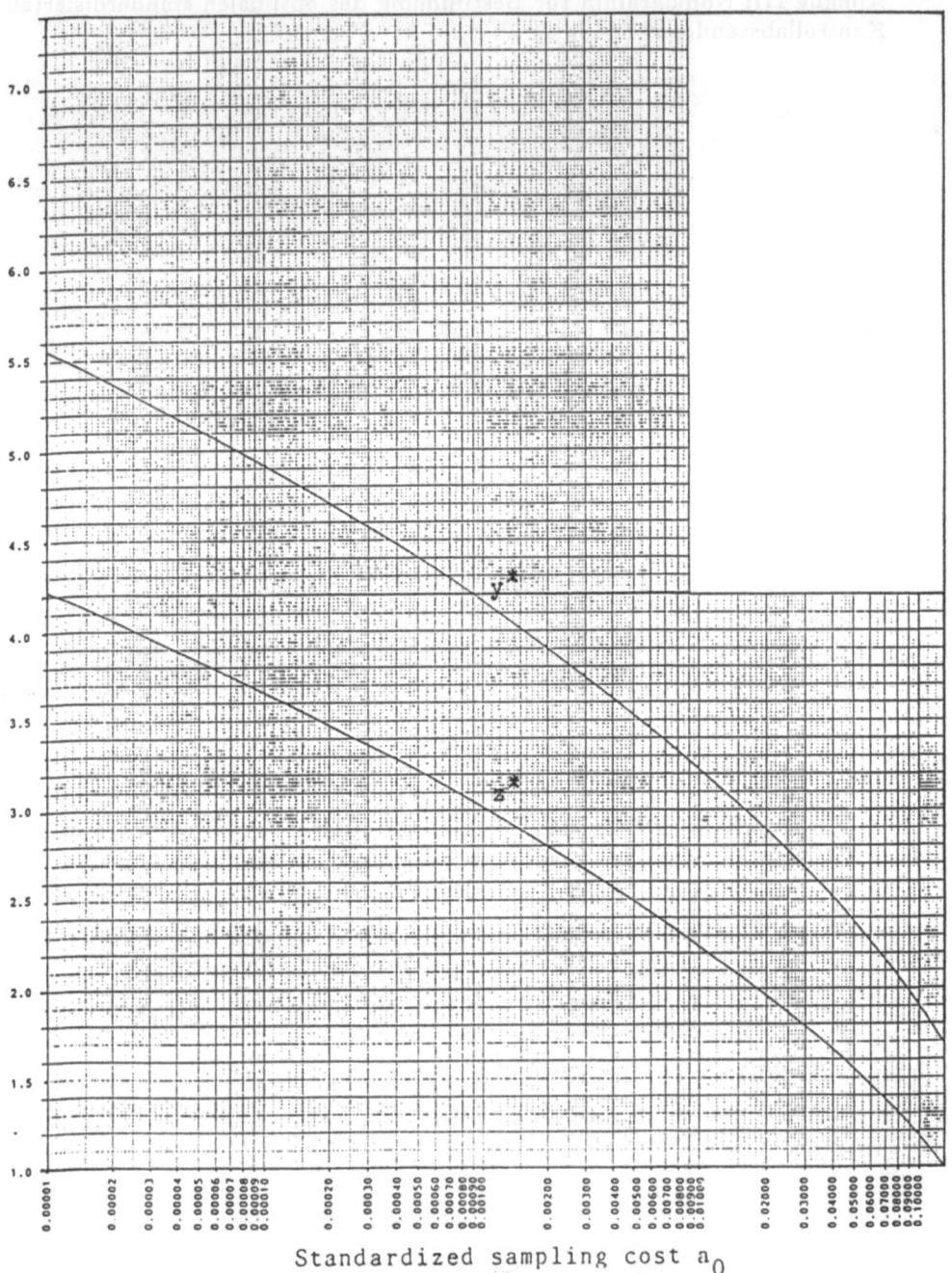

Standardized sampling cost a_0

---

[5] Dieses Nomogramm wurde entnommen aus: v. Collani (1989b): *The Economic Design of Control Charts*. Dieses Buch wird 1989 im Teubner Verlag, Stuttgart, in der Reihe *Skripten zur mathematischen Stochastik* erscheinen.

Literaturverzeichnis

ARNOLD, B.F. (1987a)
Minimax-Prüfpläne für die Prozeßkontrolle. Physica-Verlag, Heidelberg.

ARNOLD, B.F. (1987b)
The Economic Design of $\overline{X}$ Charts Used in Parallel to the Means of Independent Quality Characteristics. Technical Report No. 8, Institut für Angewandte Mathematik und Statistik, Würzburg.

ARNOLD, B.F. (1987c)
Laufende Kontrolle des Mittelwertes bei mehreren möglichen Verschiebungsparametern. Technical Report No. 1, Institut für Angewandte Mathematik und Statistik, Würzburg.

ARNOLD, B.F./V. COLLANI, E. (1986)
Kostenoptimale Mittelwertkarten - ein Beispiel für ein robustes Verfahren. Preprint No. 142, Institut für Angewandte Mathematik und Statistik, Würzburg.

ARNOLD, B.F./V. COLLANI, E. (1987)
Economic Process Control. Statistica Neerlandica 41, 89-97.

BAKER, K.R. (1971)
Two Process Models in the Economic Design of an $\overline{X}$ Chart. AIIE Transactions 3, 257-263.

BEHL, M. (1985)
Kostenoptimale Prüfpläne für die laufende Kontrolle eines qualitativen Merkmals. Metrika 32, 219-251.

BEICHELT, F./FRANKEN, P. (1984)
Zuverlässigkeit und Instandhaltung. Carl Hanser Verlag, München/Wien.

BESTERFIELD, D.H. (1979)
Quality Control. Prentice-Hall, Englewood Cliffs/New Jersey.

BESTERFIELD, D.H. (1986)
Quality Control. 2. Auflage, Prentice-Hall, Englewood Cliffs/New Jersey.

BITZ, M. (1981)
Betriebswirtschaftstheorie, Kurseinheit 2: Investitionstheorie. Fernuniversität - Gesamthochschule - Hagen.

CHIU, W.K. (1973)
Comments on the Economic Design of $\overline{X}$-Charts. Journal of the American Statistical Association 68, 919-921.

CHIU, W.K. (1974)
The Economic Design of Cusum Charts for Controlling Normal Means. Applied Statistics 23, 420-433.

CHIU, W.K. (1975)
Economic Design of Attribute Control Charts. Technometrics 17, 81-87.

CHIU, W.K. (1976a)
On the Estimation of Data Parameters for Economic Optimum $\overline{X}$-Charts. Metrika 23, 135-147.

CHIU, W.K. (1976b)
Economic Design of np-Charts for Processes Subject to a Multiplicity of Assignable Causes. Management Science 23, 404-411.

CHIU, W.K./CHEUNG, K.C. (1977)
An Economic Study of $\overline{X}$-Charts with Warning Limits. Journal of Quality Technology 9, 166-171.

CHIU, W.K./WETHERILL, G.B. (1974)
A Simplified Scheme for the Economic Design of $\overline{X}$-Charts. Journal of Quality Technology 6, 63-69.

V. COLLANI, E. (1978)
Kostenoptimale Prüfpläne für die laufende Kontrolle eines normalverteilten Merkmals. Dissertation, Würzburg.

V. COLLANI, E. (1981)
Kostenoptimale Prüfpläne für die laufende Kontrolle eines normalverteilten Merkmals. Metrika 28, 211-236.

V. COLLANI, E. (1985)
Optimal Inspection and Sampling Procedures. Preprint No. 131, Institut für Angewandte Mathematik und Statistik, Würzburg.

V. COLLANI, E. (1986a)
A Simple Procedure to Determine the Economic Design of an $\overline{X}$-Control Chart. Journal of Quality Technology 18, 145-151.

V. COLLANI, E. (1986b)
Economic Process Control by Attributes. Preprint No. 140, Institut für Angewandte Mathematik und Statistik, Würzburg.

V. COLLANI, E. (1987a)
A Unified Approach to Optimal Process Control. Technical Report No. 5, Institut für Angewandte Mathematik und Statistik, Würzburg.

V. COLLANI, E. (1987b)
Economic Control of Continuously Monitored Production Processes. Rep. Stat. Appl. Res., JUSE 34, 1-18.

V. COLLANI, E. (1987c)
The Economic Design of $\overline{X}$-Control Charts. Proceedings of IASTED International Conference on Reliability and Quality Control, Paris, 186-189.

V. COLLANI, E. (1987d)
The Würzburg Economic Standard $\overline{X}$-1. Proceedings of the International Conference on Quality Control, Tokyo, 441-446.

V. COLLANI, E./ROLLER, H. (1988)
The Economic Design of $\overline{X}$-Charts – Sensitivity and Efficiency. Technical Report No. 10, Institut für Angewandte Mathematik und Statistik, Würzburg.

V. COLLANI, E./SHEIL, J.G. (1987)
Economically Optimal s-Chart Designs. Technical Report No. 6, Institut für Angewandte Mathematik und Statistik, Würzburg.

CZERNAKOWSKI, W. (1985)
Möglichkeiten, Voraussetzungen und Grenzen von kostenoptimalen Prüfplänen bei der Attributprüfung innerhalb der industriellen Qualitätssicherung. Diplomarbeit, Fernuniversität - Gesamthochschule - Hagen, Lehrgebiet für Statistik und Ökonometrie.

DEMING, W.E. (1986)
Out of the Crisis. Massachusetts Institute of Technology, Cambridge, Mass.

DGQ (Hrsg.,1979)
Begriffe und Formelzeichen im Bereich der Qualitätssicherung. 3. Auflage, Beuth Verlag, Berlin.

DGQ (Hrsg.,1985)
Qualitätskosten. Deutsche Gesellschaft für Qualität e.V., DGQ-Schrift Nr. 14-17, Beuth Verlag, Berlin.

DUNCAN, A.J. (1956)
The Economic Design of $\overline{X}$-Charts Used to Maintain Current Control of a Process.
Journal of the American Statistical Association 51, 228-242.

DUNCAN, A.J. (1971)
The Economic Design of $\overline{X}$-Charts When There Is a Multiplicity of Assignable Causes.
Journal of the American Statistical Association 66, 107-121.

DUNCAN, A.J. (1978)
The Economic Design of p-Charts to Maintain Current Control of a Process: Some Numerical Results. Technometrics 20, 235-243.

EPS (1983)
Adaptives kostenoptimales System der Stichprobenprüfung (SCQ). Gruppe Qualitätssicherung, Florianopolis-SC, Brasilien. Qualität und Zuverlässigkeit 28, Heft 9, 257-260.

FEIGENBAUM, A.V. (1961)
Total Quality Control. New York/Toronto/London.

FREEMAN, H.L. (1960)
How to Put Quality Costs to Use. ASQC Technical Conference Transactions, 1-11.

GABLER (Hrsg.,1980)
Gablers Wirtschafts-Lexikon. 10. Auflage, Betriebswirtschaftlicher Verlag Gabler, Wiesbaden.

GIBRA, I.N. (1971)
Economically Optimal Determination of the Parameters of $\overline{X}$-Control Chart. Management Science 17, 635-646.

GIBRA, I.N. (1975)
Recent Developments in Control Chart Techniques. Journal of Quality Technology 7, 183-192.

GIBRA, I.N. (1978)
Economically Optimal Determination of the Parameters of np-Control Charts. Journal of Quality Technology 10, 12-19.

GILMORE, H.L. (1972)
Consumer Product Conformance Quality Control Cost. Proceedings Annual Reliability and Maintainability Symposium, 11-19.

GLASSER, G.J. (1967)
The Age Replacement Problem. Technometrics 13, 139-144.

GOEL, A.L. (1968)
A Comparative and Economic Investigation of $\overline{X}$ and Cumulative Sum Control Charts. Ph.D. Dissertation, University of Wisconsin, Madison, Wis.

GOEL, A.L./JAIN, S.C./WU, S.M. (1968)
An Algorithm for the Determination of the Economic Design of $\overline{X}$-Charts Based on Duncan's Model. Journal of the American Statistical Association 62, 304-320.

GOEL, A.L./WU, S.M. (1973)
Economically Design of Cusum Charts. Management Science 19, 1271-1282.

GORDON, G.R./WEINDLING, J.I. (1975)
A Cost Model for Economic Design of Warning Limit Control Chart Schemes. AIIE Transactions 7, 319-329.

HABERSTOCK, L. (1974)
Kostenrechnung II – (Grenz-)Plankostenrechnung. Gabler Verlag, Wiesbaden.

HABERSTOCK, L. (1987)
Kostenrechnung I – Einführung. 8. Auflage, Steuer- und Wirtschaftsverlag GmbH, Hamburg.

HAHNER, A. (1981)
Qualitätskostenrechnung als Informationssystem zur Qualitätslenkung. Carl Hanser Verlag, München/Wien.

HAX, H. (1979)
Investitionstheorie. 4. Auflage, Physica-Verlag, Würzburg/Wien.

HEIKES, R.G./MONTGOMERY, D.C./YEUNG, J.Y.H. (1974)
Alternative Process Models in the Economic Design of T^2 Control Charts. AIIE Transactions 1, 55-61.

ISHIKAWA, K. (1985)
What is Total Quality Control? Prentice-Hall, Englewood Cliffs, New Jersey.

JURAN, J.M. (1951)
Quality Control Handbook. Mc Graw-Hill, New York/Toronto/London.

JURAN, J.M. (1962)
Quality Control Handbook. 2. Auflage, Mc Graw-Hill, New York/Toronto/London.

KILGER, W. (1981)
Flexible Plankostenrechnung und Deckungsbeitragsrechnung. 8. Auflage, Gabler Verlag, Wiesbaden.

KNAPPENBERGER, H.A./GRANDAGE, A.H.E. (1969)
Minimum Cost Quality Tests. AIIE Transactions 1, 24-32.

LADANY, S.P. (1973)
Optimal Use of Control Charts for Controlling Current Production. Management Science 19, 763-772.

LADANY, S.P./ALPEROVITCH, Y. (1975)
An Optimal Set-up Policy for Control Charts. Omega 3, 113-118.

LESSER, W.H. (1954)
Cost of Quality. Industrial Quality Control 11, Heft 5, 11-14.

LORENZEN, T.J./VANCE, L.C. (1986)
The Economic Design of Control Charts: A Unified Approach. Technometrics 28, 3-10.

MASSER, W.J. (1956)
Quality Control Engineering. Industrial Quality Control 12, Heft 11, 25-29.

MASSER, W.J. (1957)
The Quality Manager and Quality Costs. Industrial Quality Control 14, Heft 4, 5-8.

MENRAD, S. (1972)
Die Problematik der Kostenzurechnung. Wirtschaftswissenschaftliches Studium (WiSt) 1, Heft 11, 488-494.

MONTGOMERY, D.C. (1980)
The Economic Design of Control Charts: A Review and Literature Survey. Journal of Quality Technology 12, 75-87.

MONTGOMERY, D.C. (1982)
Economic Design of an $\overline{X}$ Control Chart. Journal of Quality Technology 14, 40-43.

MONTGOMERY, D.C. (1985)
Introduction to Statistical Quality Control. John Wiley, New York (u.a.).

MONTGOMERY, D.C./HEIKES, R.G. (1976)
Processor Failure Mechanisms and Optimal Design of Fraction Defective Control Charts. AIIE Transactions 8, 467-472.

MONTGOMERY, D.C./HEIKES, R.G./ MANCE, J.F. (1975)
Economic Design of Fraction Defective Control Charts. Management Science 21, 1272-1284.

MONTGOMERY, D.C./KLATT, P.J. (1972a)
Design of T^2 Control Charts to Maintain Current Control of a Process. Management Science 19, 76-89.

MONTGOMERY, D.C./KLATT, P.J. (1972b)
Minimum Cost Multivariate Quality Control Tests. AIIE Transactions 4, 103-110.

O.V. (1977)
Quality Cost Survey. Quality, Heft 6, 20-22.

REFA (Hrsg.,1978)
Methodenlehre des Arbeitsstudiums, Teil 2, Datenermittlung, Verband für Arbeitsstudien und Betriebsorganisation e.V. 6. Auflage, Carl Hanser Verlag, München.

RENFER, W. (1976)
Qualitätskosten und betriebliches Rechnungswesen. Qualität und Zuverlässigkeit 21, Heft 8, 186-188.

RÖDDER, W./SCHNEIDER, C. (1984)
Kostenoptimale adaptive Qualitätssicherung in der Fließfertigung. Qualität und Zuverlässigkeit 29, Heft 7, 232-236.

ROLLER, H. (1986)
Sensitivitätsanalyse kostenoptimaler Shewhart-$\overline{X}$-Kontrollkarten. Diplomarbeit, Universität Würzburg.

ROSS, S.M. (1970)
Applied Probability Models with Optimization Applications. Holden-Day, San Francisco, Calif., USA.

SANIGA, E.M. (1978)
Joint Economically Optimal Design of $\overline{X}$ and R Control Charts. Management Science 24, 420-431.

SANIGA, E.M. (1979)
Joint Economic Design of $\overline{X}$ and R Control Charts with Alternate Process Models. AIIE Transactions 11, 254-260.

SCHAAFSMA, R.H./WILLEMZE, F.G. (1973)
Moderne Qualitätskontrolle. 7. Auflage, Deutsche Philips GmbH, Hamburg.

SHEWHART, W.A. (1931)
Economic Control of Quality of Manufactured Product. D. Van Nostrand Co., Princeton/New Jersey.

SHEWHART, W.A. (1939)
Statistical Method from the Viewpoint of Quality Control. The Department of Agriculture, Washington, D.C.

SPRAGUE, R.H./WATSON, H.J. (1986)
Decision Support Systems. Putting Theory into Practice. Prentice-Hall, Englewood Cliffs/New Jersey.

STEINBACH, W. (1985)
Erfassen und Beurteilen von Qualitätskosten. VDI-Verlag, Düsseldorf.

SULLIVAN, E. (1983)
Quality Costs: Current Applications. Quality Progress 16, 34-37.

TADIKAMALLA, P.R. (1980)
Age Replacement Policies for Weibull Failure Times. IEEE Transactions on Reliability R-29, 88-90.

TAYLOR, H.M. (1968)
The Economic Design of Cumulative Sum Control Charts. Technometrics 10, 479-488.

UHLMANN, W. (1982)
Statistische Qualitätskontrolle. 2. Auflage, Teubner Verlag, Stuttgart.

VANCE, L.C. (1983)
A Bibliography of Statistical Quality Control Chart Techniques, 1970-1980. Journal of Quality Technology 15, 59-62.

If you have any concerns about our products,
you can contact us on
ProductSafety@springernature.com

In case Publisher is established outside the EU,
the EU authorized representative is:
**Springer Nature Customer Service Center GmbH
Europaplatz 3, 69115 Heidelberg, Germany**

Printed by Libri Plureos GmbH
in Hamburg, Germany